한날 글·그림 / 이젠수학연구소 지음

1학년에게 꼭 필요한

구구단

(만화 교과서)

이젠교육
EZEN EDUCATION

한날 글·그림

웹툰·이모티콘 캐릭터 작가로 활동하며 캐릭터 그리는 것을 평생의 즐거움으로 살아가고 있습니다. 웹툰 '동물농장'과 '인생다반사'를 연재했으며, 카카오톡 이모티콘 '인생다반사'와 '짤모티콘' 등을 출시하였습니다. 쓰고 그린 책으로는 《읽으면서 바로 써먹는 어린이 영단어》, 《읽으면서 바로 써먹는 어린이 맞춤법》, 《읽으면서 바로 써먹는 어린이 관용구》, 《읽으면서 바로 써먹는 어린이 속담》, 《읽으면서 바로 써먹는 어린이 퀴즈》, 《읽으면서 바로 해보는 어린이 게임》 등이 있습니다.

blog http://blog.naver.com/ngmspg http://www.instagram.com/hannal_01

이젠수학연구소 지음

이젠수학연구소는 유아에서 초중고까지 학생들이 수학의 바른길을 찾아낼 수 있도록 수학 학습법을 연구하는 이젠교육의 수학 연구소입니다. 수학 실력은 하루아침에 완성되지 않으며, 다양한 경험을 통해 발달합니다. 그길에 친구가 되고자 노력합니다.

1학년에게 꼭 필요한 구구단 (만화 교과서)

초판 1쇄 발행 | 2022년 1월 10일

지 은 이 이젠수학연구소
펴 낸 이 임요병
펴 낸 곳 ㈜이젠미디어
출판등록 제 2020-000073호
주 소 서울시 영등포구 양평로 22길 21
코오롱디지털타워 404호
전 화 (02)324-1600
팩 스 (031)941-9611
인스타그램 @ezeneducation
블 로 그 http://blog.naver.com/ezeneducation

@이젠교육
ISBN 979-11-90880-64-0

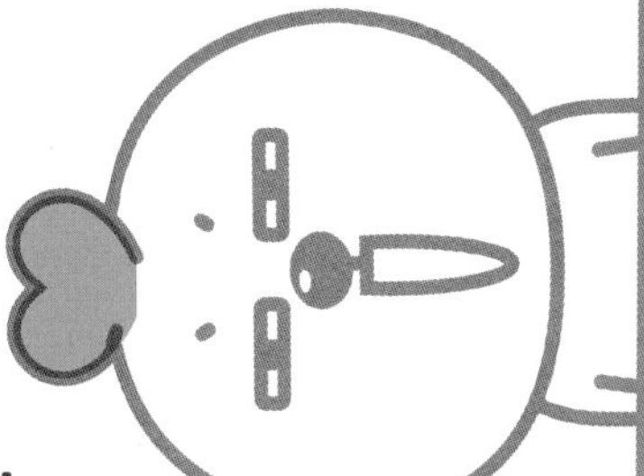

1학년에게 꼭 필요한

구구단

만화 교과서

구성과 특징

1학년에게 꼭 필요한 구구단

수학 웹툰 전문 작가의 캐릭터를 활용한 실생활 이야기로

수학에 대한 호기심과 자신감을 키워요.

1 곱셈의 기초
04 묶음이나 배를 X로 나타내기
히히~ 무럭무럭 자라~
오잉?
앗! 가지야. 화분에 물을 주고 있구나?
척
응~
휙
26
● 무엇을 배울까요? 몇 묶음과 몇 배를 X 기호를 이용하여 곱셈
곱셈식을 쓰고 읽을 수 있도록 합니다.
● 언제 배울까요? 초등학교 2학년 1학기 곱셈 단원에서 배워요
쵸배야. 내 화분들을 좀 봐.
화분?
긁적
긁적
잘 보라고. 희한하게 모든 화분에 딱 2송이씩 꽃이 피었잖아.
척
우와~ 그렇구나!
활짝
27
● 무엇을 배울까요? 몇 묶음과
곱셈식을
● 언제 배울까요? 초등학교

학습 포인트 1

수학 교과서 단원의 내용을 실생활 소재를 활용한 만화로 재미있게 읽으면서 수학에 대한 호기심을 가질 수 있습니다.

학습 포인트 2

만화 속 내용과 연결된 수학 교과서 학년과 학기의 단원을 소개하고, 무엇을 배우는지 알 수 있습니다.

캐릭터와 함께하는 주제별 질문식 수학 개념을

쉽고 재미있게 읽으면서
원리를 이해해요!

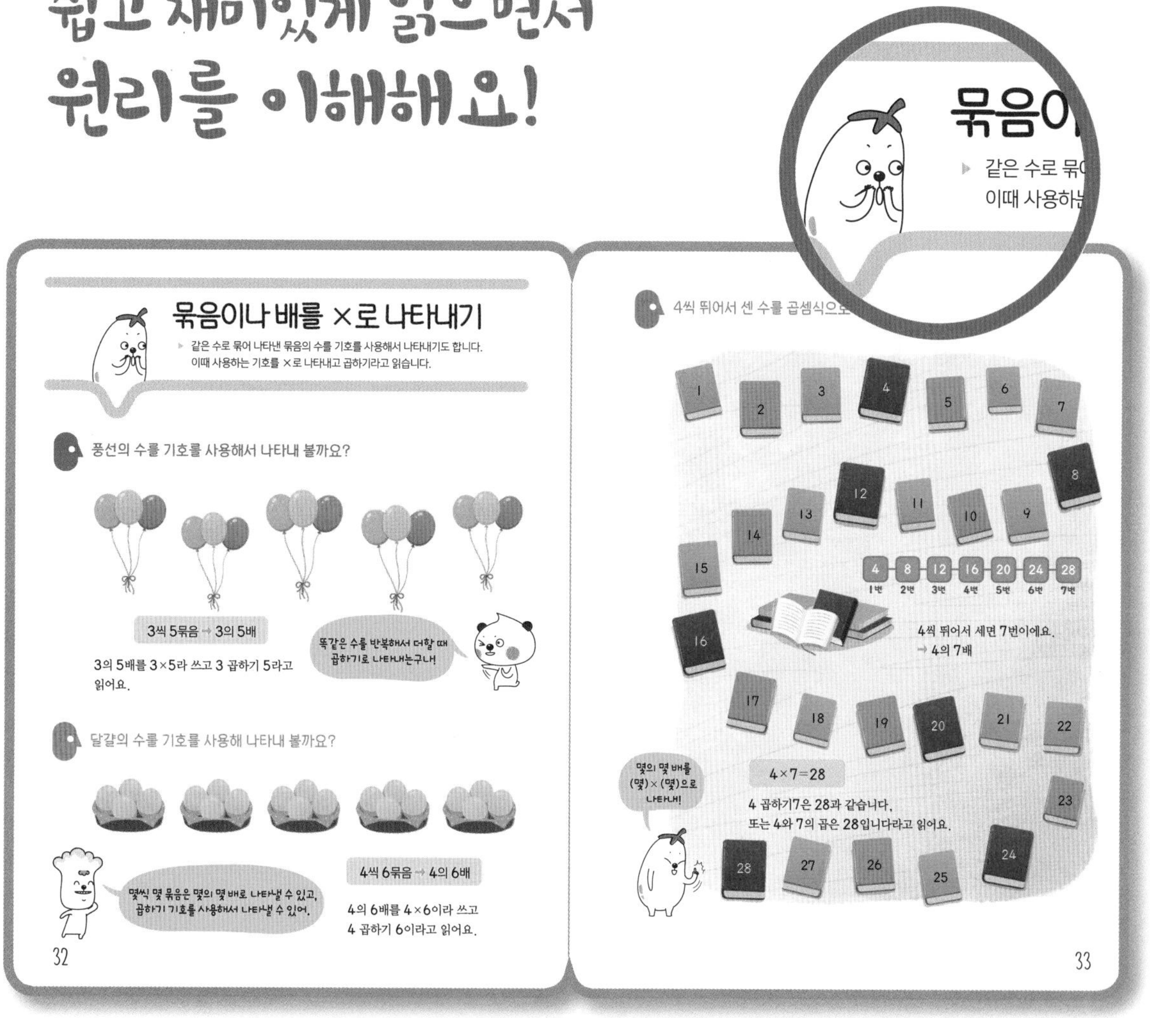

묶음이나 배를 ×로 나타내기
같은 수로 묶어 나타낸 묶음의 수를 기호를 사용해서 나타내기도 합니다.
이때 사용하는 기호를 ×로 나타내고 곱하기라고 읽습니다.
풍선의 수를 기호를 사용해서 나타내 볼까요?
3씩 5묶음 → 3의 5배
3의 5배를 3×5라 쓰고 3 곱하기 5라고 읽어요.
똑같은 수를 반복해서 더할 때 곱하기로 나타내는구나!
달걀의 수를 기호를 사용해 나타내 볼까요?
몇씩 몇 묶음은 몇의 몇 배로 나타낼 수 있고, 곱하기 기호를 사용해서 나타낼 수 있어.
4씩 6묶음 → 4의 6배
4의 6배를 4×6이라 쓰고 4 곱하기 6이라고 읽어요.
32
4씩 뛰어서 센 수를 곱셈식으로
4씩 뛰어서 세면 7번이에요.
→ 4의 7배
몇의 몇 배를 (몇)×(몇)으로 나타내!
4×7=28
4 곱하기7은 28과 같습니다.
또는 4와 7의 곱은 28입니다라고 읽어요.
33

학습 포인트 3

수학 교과서의 개념을 수학 만화와 연결하여 원리를 정확히 이해할 수 있습니다.

학습 포인트 4

주제별 원리에 대한 질문에 대해 생활에서 볼 수 있는 내용을 그림으로 재미있게 구현하여 쉽게 이해할 수 있습니다.

차례

1학년에게 꼭 필요한
구구단

1. 곱셈의 기초

01	물건의 수 세기	6
02	몇씩 묶기	12
03	몇 배로 나타내기	20
04	묶음이나 배를 ×로 나타내기	26
05	곱셈식으로 나타내기	34

2. 곱셈구구

01	2단 곱셈구구	40
02	5단 곱셈구구	46
03	3단 곱셈구구	52
04	6단 곱셈구구	58
05	4단 곱셈구구	64
06	8단 곱셈구구	70
07	7단 곱셈구구	76
08	9단 곱셈구구	82

작가의 말

여러분에게 수학이란 어떤 의미인가요? 친해지고 싶은 친구인가요? 아니면 정복하고 싶은 대상이나 넘을 수 없는 장애물인가요? 각자마다 느끼는 수학의 의미는 다르겠지만 아마도 확실한 것은 우리 삶에 있어서 꼭 필요한 존재라는 사실이에요. 하지만 꼭 필요하지만 가까이 다가가기 어려울 때가 있죠. 과일채소 친구인 (쵸배, 배찌, 체로, 가징, 토리)도 마찬가지거든요. 그럴때마다 쵸배, 배찌, 체로, 가징, 토리는 일상생활에서 재미있게 수학을 접하며 즐긴답니다. 어린이 여러분도 이젠 이 책 속으로 들어가 과일채소 친구들과 함께 수학의 재미에 풍덩 빠져들 수 있었으면 하는 바람입니다.

01 물건의 수 세기

오잉?
끼이익
멈칫
서울, 서울행 기차가 도착했습니다.
으악! 벌써 왔구나. 얼른 타야지!
후다닥
토리야. 너 기차가 도착했는데 여기서 뭐하는 거야?
까딱
까딱
성큼
성큼

● 무엇을 배울까요? 여러 가지 방법으로 물건의 수를 세어 봅니다.
물건을 하나씩 세기, 뛰어 세기, 묶어 세기 등의 여러 가지 방법으로 세어 봅니다.

● 언제 배울까요? 초등학교 2학년 1학기 곱셈 단원에서 배워요.

아, 지금 말이야. 기차 창문의 수를 세어 보고 있었어.
엥?
갑자기 기차 창문의 수는 왜?
궁금
궁금
기차는 아주아주 길잖아. 그러니까 창문도 엄청 많아.
짜악
짜악
그래서 얼마나 많은지 궁금해졌어.
씨익

자, 잘 봐.
셋, 여섯, 아홉.
엥?
토리야,
숫자를 하나, 둘, 셋,
이렇게 세어야지!
후훗!
하나씩 세면
너무 오래 걸리잖아.
휙
나처럼 세면
더 빨리 셀 수 있어.
척
창문 세 개씩을
건너서 세는 거야.
셋, 여섯, 아홉!
봐! 벌써 열차 한 칸의
창문을 다 세었잖아.
③
⑥
⑨

우아! 정말이네.
그렇게 세니까
훨씬 빠르구나.
깜짝
네 칸씩 건너서 셀 수도 있어.
넷, 여덟, 이런 식으로.
척
척
이러면 더 빠르지.
후훗~
휙
그렇구나.
히히! 토리야,
그렇긴 한데…
우리 기차가
벌써 출발해 버렸어.
뜨헉!
빠아아아앙
흐잉.
다음 기차가 올 때까지
창문이나 다시 세자.

물건의 수 세기

- 물건의 수를 세는 방법은 여러 가지입니다.
- 하나씩 셀 수도 있고, 뛰어 셀 수도 있고, 몇씩 묶어서 셀 수도 있습니다.

적은 수의 물건의 수를 셀 때는 하나씩 세도 상관없지만 많은 수의 물건을 셀 때 조금 더 빨리 셀 수 있는 방법이 있어요.

사과를 하나씩 세어 볼까요?

사과를 하나씩 세어 보면 1, 2, 3…8, 9, 10이에요.

사과를 2씩 뛰어서 세어 볼까요?

사과를 2씩 뛰어서 세어 보면
2, 4, 6, 8, 10이에요.

하나씩 세어도, 2씩 뛰어서 세어도
사과의 수는 모두 10개예요.
세는 방법이 달라도 사과의 수는 같아요.

사과를 2개씩 묶어서 세어 볼까요?

사과를 2개씩 묶어서 세어 보면 2개씩 5묶음이에요.

2개씩 묶으면
5묶음이야.

2
4
6
8
10

사과를 3개씩 묶어서 세어 볼까요?

3개씩 3묶음이 9개,
거기에 한 개가 더
있어서 10개!

사과를 3개씩 묶어서 3묶음, 낱개 1개를 더해서 세요.

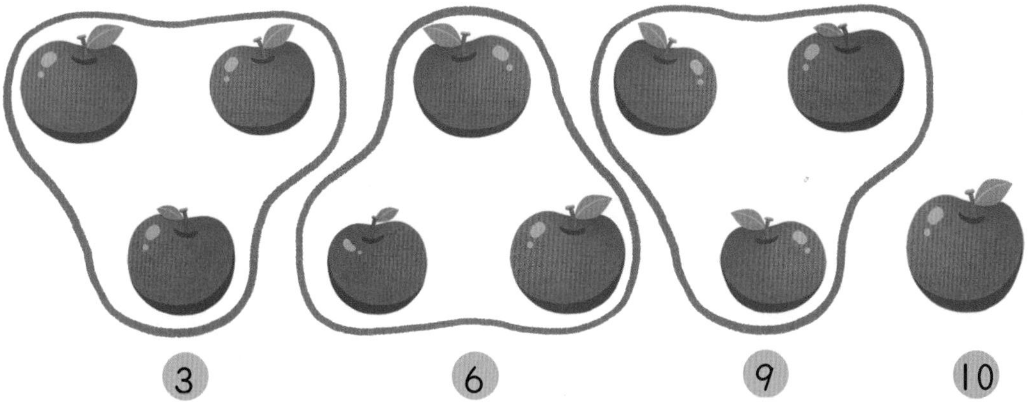
3
6
9
10

2개씩 묶은 묶음의 수가 5개인 사과도 10개,
3개씩 묶은 묶음 3개와 낱개 1개를 모아도 10개예요.
어느 방법으로 세어도 사과의 수는 같아요.

02 몇씩 묶기

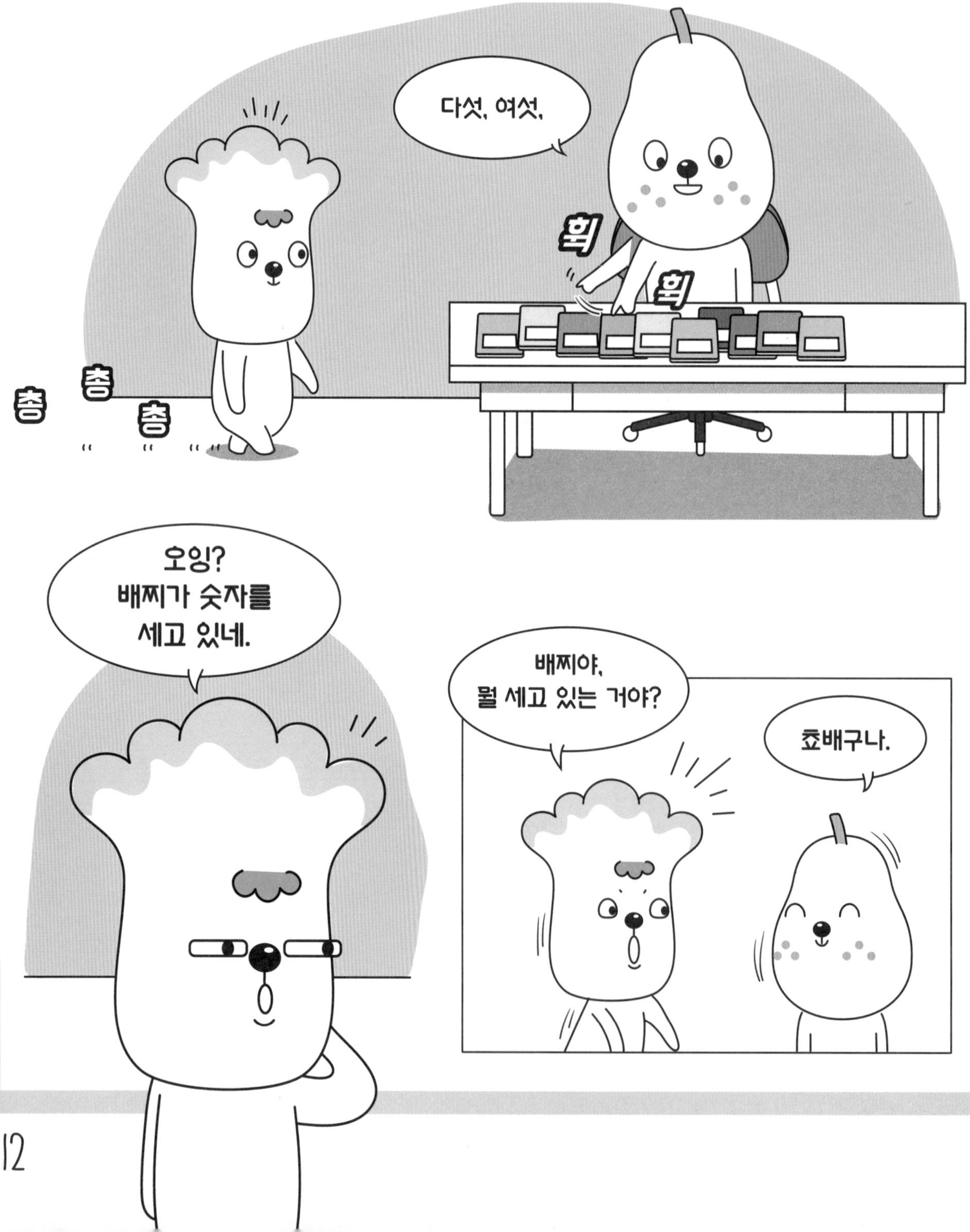
다섯, 여섯,
휙
휙
총
총
총
오잉? 배찌가 숫자를 세고 있네.
배찌야, 뭘 세고 있는 거야?
쵸배구나.

● 무엇을 배울까요? 주어진 물건을 다양한 방법으로 묶어 세고, '몇씩 몇 묶음'으로 나타낼 수 있게 하고, 모두 몇 개인지 구하게 합니다.

● 언제 배울까요? 초등학교 2학년 1학기 곱셈 단원에서 배워요.

아까 방 청소를 하다가 구석에서 공책들을 발견했거든.
휙
그런데 생각보다 쓰지 않은 공책이 많더라고.
그래서 몇 개나 있는지 수를 세어 보고 있었어.
척
그렇구나.
자, 그럼 계속 세어 볼까?

끄응.
시무룩
오잉?
갑자기 왜 그래?
그게 말이야.
어디까지 세었는지
잊어버렸네.
뜨헉!
얼마 세지도 않았는데
그새 잊어버리다니!
으이구~
긁적
하하~
처음부터 다시
세어야겠어.
긁적
하나, 둘,
휙
휙

앗!
배찌가 공책을 하나씩
세고 있잖아?
배찌야.
너 숫자를
더 빨리 세는 법을
모르는구나.
수를 빨리
세는 법?
휙
자,
내가 숫자를 세는 걸
잘 봐~
응!
이렇게 하나,
이렇게 둘,
이렇게 셋,
1
2
3
공책 2권을
묶어서 수를 세면
2권, 4권, 6권,
이렇게 셀 수 있지.
어때?
이렇게 세니까
훨씬 빠르지?
우아~ 정말이네.
이러면 수를 더 빨리 세겠어.

내가 다시 한 번 세어 볼게.
짝
넷, 다섯!
휙
휙
마지막 묶음이 다섯이네.
그럼 2개씩 다섯 묶음이니까 총 10권이구나!
활짝
맞아! 이제 더 빨리 셀 수 있겠지?
응!

앞으로도
많은 숫자를 세야 할 때는
이렇게 셀 거야.
번쩍
쵸배 덕분에
좋은 방법을 배웠네.
고마워, 쵸배야.
히히~
그렇단 말이지?
긁적
긁적
배찌야,
그럼 말이야…
엥?
10권 중에
2권만 보답으로
줄래?
웬일로
친절하더라니.
세상에
공짜는 없는 법이잖아.
히히.

몇씩 묶기

▶ 물건의 수를 셀 때 묶어서 세면 편리합니다.

하나씩 세는 것보다 몇씩 묶음으로 세면 좀 더 빠르게 셀 수 있어요.
■씩 ▲묶음은 ■씩 ▲번 뛰어 세기로 나타낼 수 있어요.

배를 여러 가지 방법으로 묶어 볼까요?

2개씩
묶어 보면
9묶음이에요.

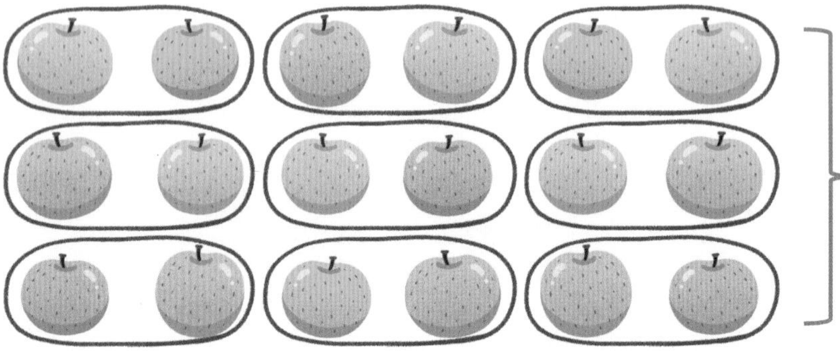

2씩 9 묶음

3개씩
묶어 보면
6묶음이에요.

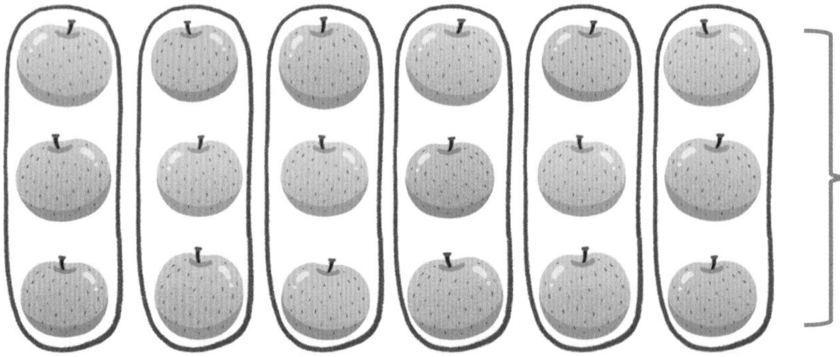

3씩 6 묶음

6개씩
묶어 보면
3묶음이에요.

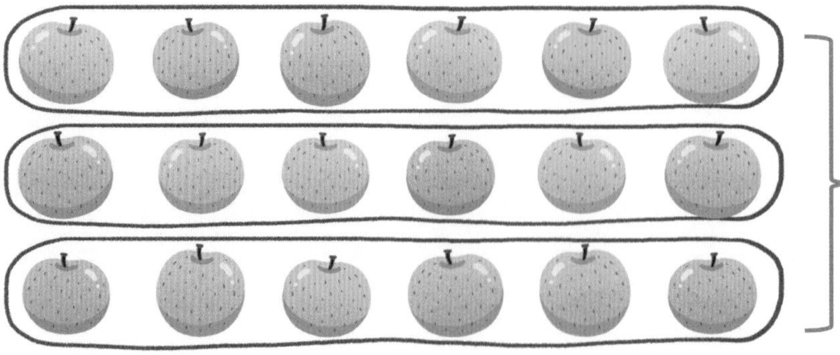

6씩 3 묶음

딸기를 여러 가지 방법으로 뛰어 세어 볼까요?

딸기를 3씩 뛰어 세어 보면 8번이 돼요. → 3씩 8묶음

3	6	9	12	15	18	21	24
1번	2번	3번	4번	5번	6번	7번	8번

딸기를 4씩 뛰어 세어 보면 6번이 돼요. → 4씩 6묶음

4	8	12	16	20	24
1번	2번	3번	4번	5번	6번

딸기를 6씩 뛰어 세어 보면 4번이 돼요.
→ 6씩 4묶음

6	12	18	24
1번	2번	3번	4번

03 몇 배로 나타내기

얘들아,
우리 구슬치기 하자!
구슬치기?
응.
내가 구슬 가지고
왔어.
짜~안
우아!
재미있겠다.
자,
여기 구슬을
꺼내 볼게.
쓰옥

● 무엇을 배울까요? 몇씩 몇 묶음을 '몇의 몇 배'로 나타냄으로써 배의 개념을 알 수 있게 합니다.
몇의 몇 배를 같은 수의 덧셈으로 구하게 합니다.

● 언제 배울까요? 초등학교 2학년 1학기 곱셈 단원에서 배워요.

이제 구슬들을 나눠 볼까?
곰곰
곰곰
우리가 3명이니까
곰곰
자, 이제 한 묶음씩 나눠 가지면 돼.
척
우아, 체로는 구슬이 많구나.
그러게. 저게 다 몇 개인 거야?

궁금해? 히히.
그럼 바닥의 구슬이 총 몇 개인지
다시 한번 세어 보자!
내가 4개를
3묶음으로 나눴지?
응. 그럼
4를 3번 더하는 것과
같은 거지?
척
맞아.
그럼 총 12개야.
딩동댕~
맞았어.
척
자! 그럼 이제 모두
나눠 가졌으니 구슬치기를
해 볼까?
좋아!
번쩍
번쩍
잠깐,
근데 바닥에 구슬이
조금 이상한데?
찌릿

엥?
이건…
알사탕이잖아!
구슬이 아니라…
깜짝
뜨헉!
내가 아껴 먹는 알사탕 주머니랑
헷갈렸어.
맛나
알사탕
바닥에 내려놔서
다 더러워졌네.
흐잉!
내 아까운 사탕들…
울먹
울먹
끄응. 사탕이랑
구슬을 헷갈리다니…
킥킥~
체로답구나.

몇 배로 나타내기

▶ 몇씩 몇 묶음을 몇의 몇 배로 나타낼 수 있습니다.

배는 일정한 수나 양이 반복되는 것을 말해요.

2의 몇 배를 알아볼까요?

혜지는 쌓기나무를 2개 가지고 있고, 지호는 혜지가 가지고 있는 것을 3묶음 가지고 있어요.

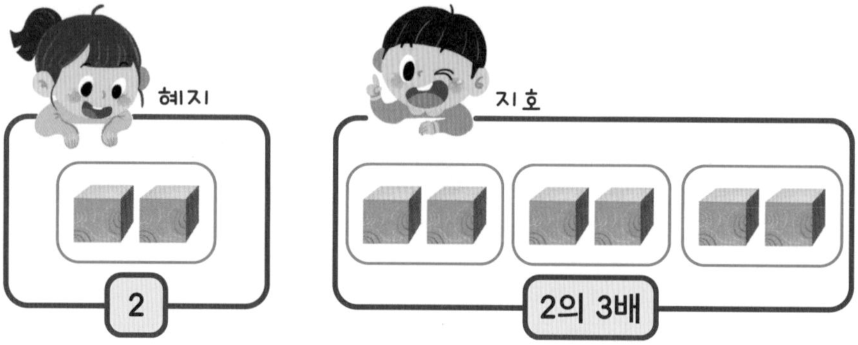

2씩 3묶음 → 2의 3배

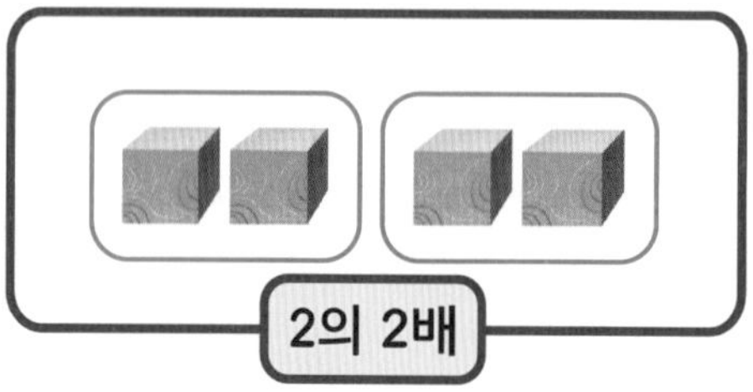

2씩 2묶음 → 2의 2배

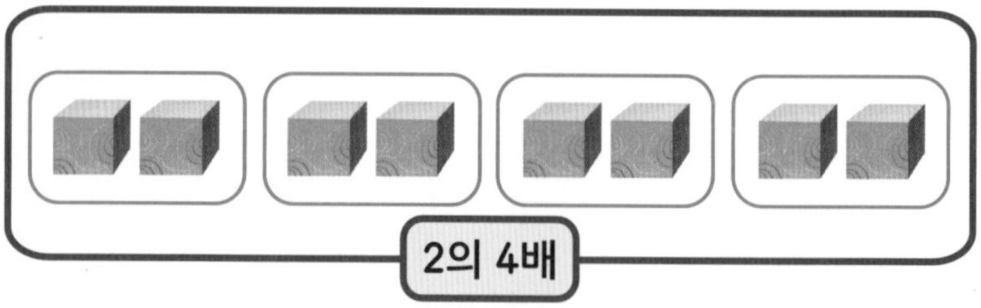

2씩 4묶음 → 2의 4배

3의 몇 배를 덧셈식으로 나타내 볼까요?

몇의 몇 배는
몇씩을 묶음의 수만큼
더하는 것과 같네.

3의 2배는 3씩 2묶음이고, 3+3으로 나타낼 수 있어요.
3의 2배는 3+3=6이에요.

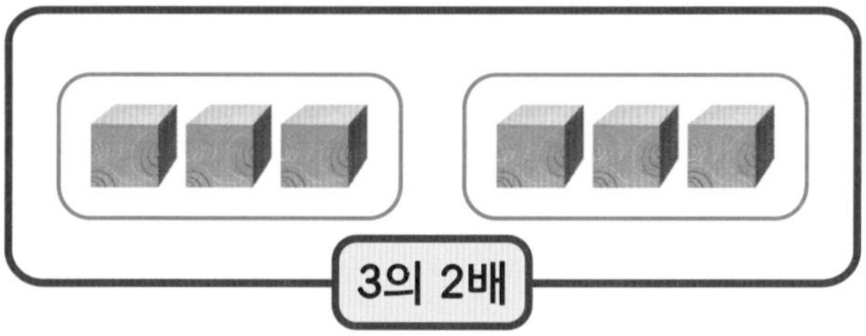
3의 2배

$3+3=6$

3씩 2묶음

3의 3배는 3씩 3묶음이고, 3+3+3으로 나타낼 수 있어요.
3의 3배는 3+3+3=9예요.

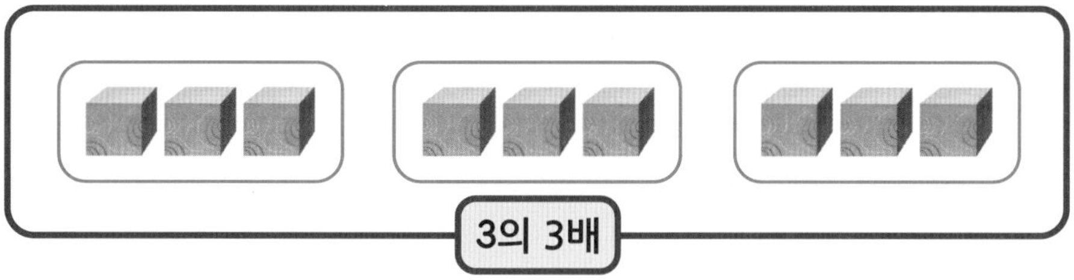
3의 3배

$3+3+3=9$

3씩 3묶음

3의 4배는 3씩 4묶음이고, 3+3+3+3으로 나타낼 수 있어요.
3의 4배는 3+3+3+3=12예요.

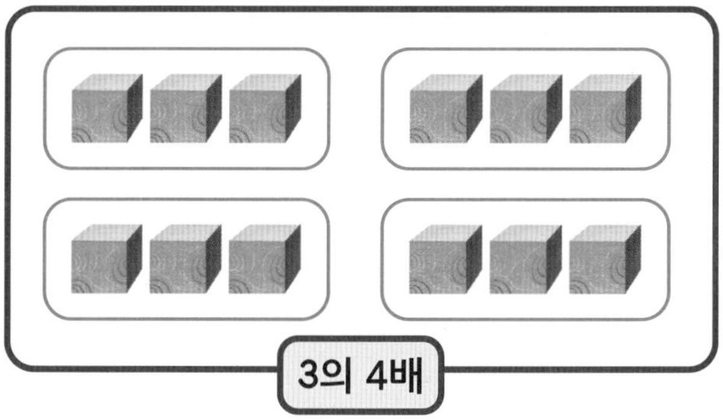
3의 4배

$3+3+3+3=12$

3씩 4묶음

04 묶음이나 배를 X로 나타내기

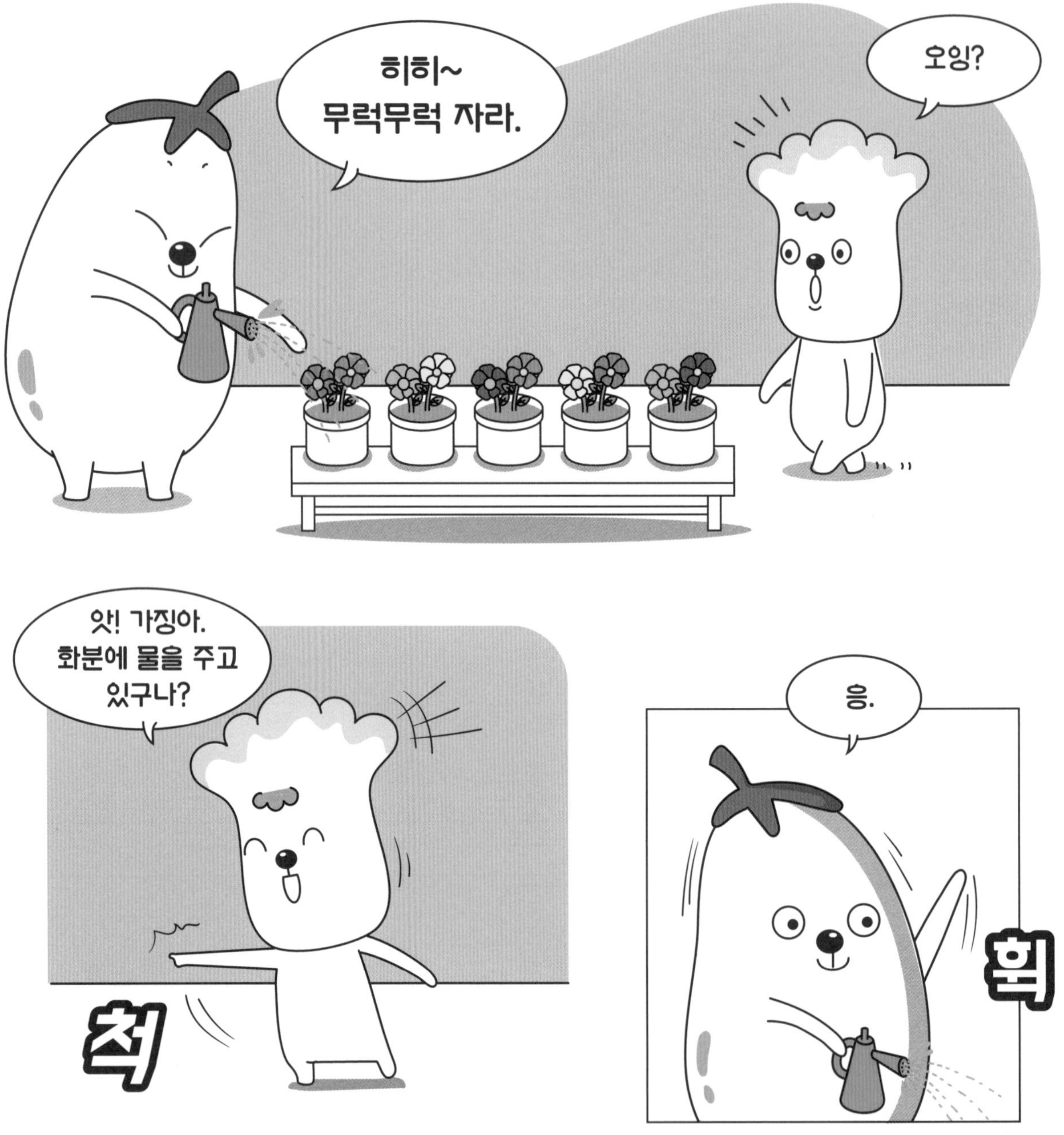
히히~
무럭무럭 자라.
오잉?
앗! 가징아.
화분에 물을 주고
있구나?
척
응.
휙

● 무엇을 배울까요? 몇 묶음과 몇 배를 X 기호를 이용하여 곱셈식으로 나타내게 합니다.
곱셈식을 쓰고 읽을 수 있도록 합니다.

● 언제 배울까요? 초등학교 2학년 1학기 곱셈 단원에서 배워요.

쵸배야.
내 화분들을 좀 봐.
화분?
그냥
평범한 화분인데?
긁적
긁적

잘 보라고. 희한하게
모든 화분에 딱 2송이씩 꽃이
피었잖아.
척
우아~
그렁구나!
활짝

그래서 지금 물을 주면서 꽃의 수도 세어 보려고 하던 중이야.
그렇구나! 우리 같이 세어 보자.
좋아.
음. 꽃이 2송이씩 5개의 화분에 있으니까
2 곱하기 5를 하면?
곰곰
곰곰
알았다.

모두 10송이의 꽃이 있는 거구나!
척
맞았어!
쵸배가 곱하기도 할 줄 알다니. 내 화분에 꽃이 2송이씩 핀 것만큼 놀랄 일이군.
빠직
히히~ 칭찬 맞지?
시무룩
나는 키우는 식물마다 다 시들어 버려.
근데 가징이 넌 어떻게 꽃들을 죽이지 않고 이렇게 잘 키울 수 있어?

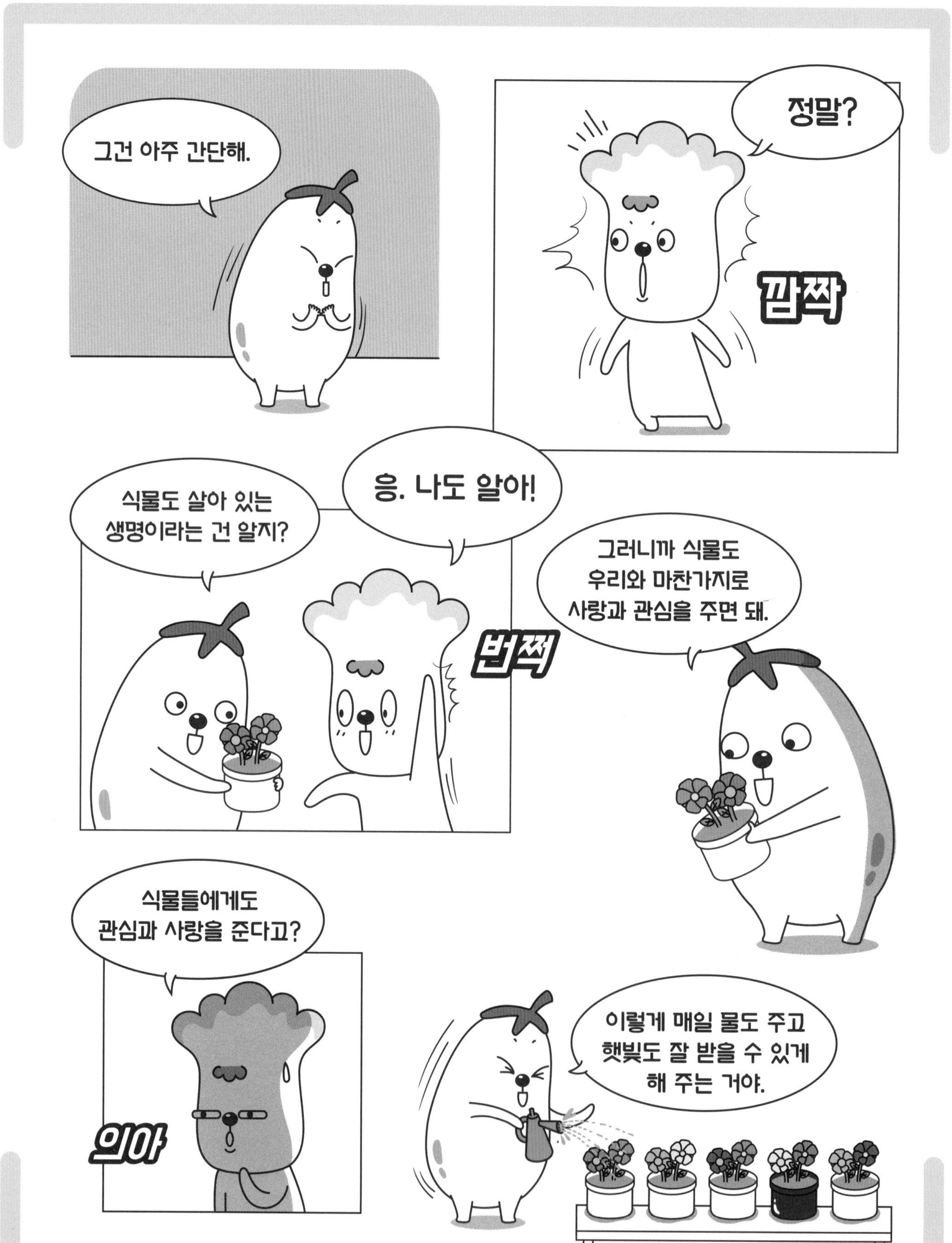
그건 아주 간단해.
정말?
깜짝
식물도 살아 있는 생명이라는 건 알지?
응. 나도 알아!
번쩍
그러니까 식물도 우리와 마찬가지로 사랑과 관심을 주면 돼.
식물들에게도 관심과 사랑을 준다고?
의아
이렇게 매일 물도 주고 햇빛도 잘 받을 수 있게 해 주는 거야.

그렇구나!
깜짝
쵸배야!
자~ 이거 받아.
오잉?
이 화분을 선물로 줄게.
너도 열심히 꽃을 키워 봐.
우아~
방긋
방긋
고마워. 히히.
나도 사랑과 관심을 주며
잘 키울게.
응!
히히~
꽃은 다 예뻐.

묶음이나 배를 ×로 나타내기

▶ 같은 수로 묶어 나타낸 묶음의 수를 기호를 사용해서 나타내기도 합니다. 이때 사용하는 기호를 ×로 나타내고 곱하기라고 읽습니다.

풍선의 수를 기호를 사용해서 나타내 볼까요?

3씩 5묶음 → 3의 5배

3의 5배를 3×5라 쓰고 3 곱하기 5라고 읽어요.

똑같은 수를 반복해서 더할 때 곱하기로 나타내는구나!

달걀의 수를 기호를 사용해 나타내 볼까요?

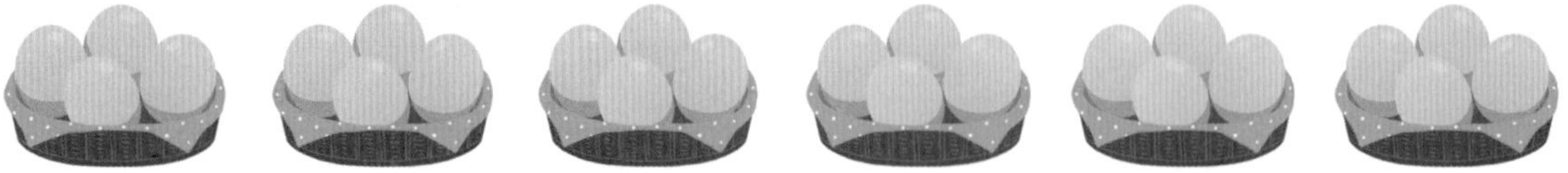

몇씩 몇 묶음은 몇의 몇 배로 나타낼 수 있고, 곱하기 기호를 사용해서 나타낼 수 있어.

4씩 6묶음 → 4의 6배

4의 6배를 4×6이라 쓰고 4 곱하기 6이라고 읽어요.

4씩 뛰어서 센 수를 곱셈식으로 나타내 볼까요?

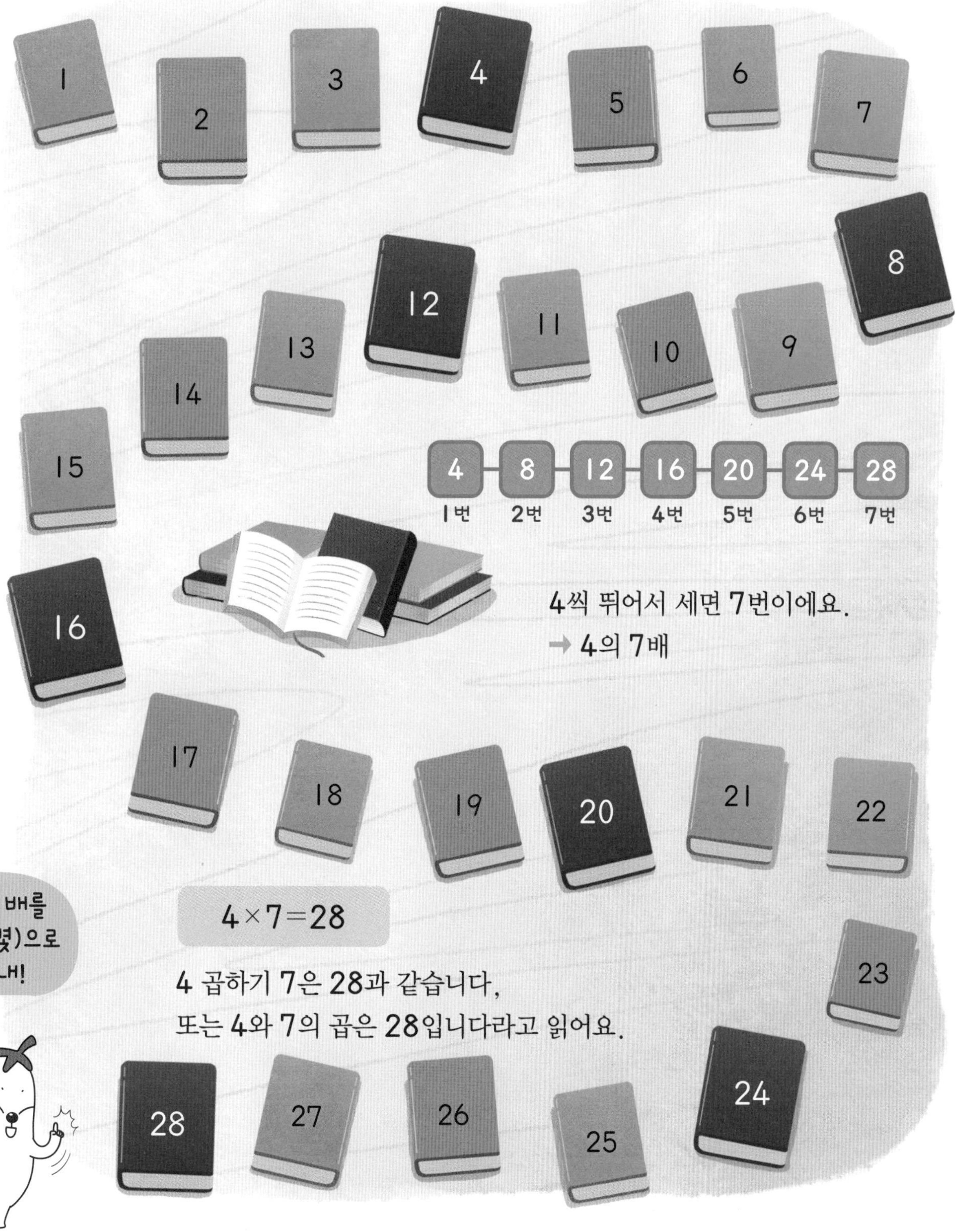

4	8	12	16	20	24	28
1번	2번	3번	4번	5번	6번	7번

4씩 뛰어서 세면 7번이에요.
→ 4의 7배

$4 \times 7 = 28$

4 곱하기 7은 28과 같습니다,
또는 4와 7의 곱은 28입니다라고 읽어요.

05 곱셈식으로 나타내기

왁자지껄
맞아! 내 말이 맞아!
엥? 너희들 왜 싸우고 있어?
아니야!
왁자지껄
지금 우리 둘 중 누구의 말이 맞는지 얘기 중이야.
아니야. 내 말이 맞아.
분명 내 말이 맞다고!
...
흠

● 무엇을 배울까요? 생활 속의 곱셈 상황을 곱셈식으로 나타내게 합니다.
● 언제 배울까요? 초등학교 2학년 1학기 곱셈 단원에서 배워요.

자자, 그만 싸우고 나에게 얘기해 봐!
척
내가 누구의 말이 맞는지 판단해 볼게.
아까 우리가 함께 스티커를 샀거든.
여기.
별 스티커야.

그래서 모두 총 몇 개인지 개수를 세려고 했는데 말이야.
난 2개씩 묶어서 곱하면 된다고 했거든.
그런데 배찌가 그 방법은 틀렸다고 하잖아!
응! 틀렸어.
나처럼 3개씩 묶어서 곱하기를 해야 해!
아니야. 2개씩 묶어서 곱해야 해.
벌떡
아니야! 3개씩이야!
......

그러니까
너희 말은 2 곱하기 6이 맞는지
3 곱하기 4가 맞는지 다투고
있었던 거니?
응. 가징아,
내 말이 맞지?
아니지,
내 말이 맞지?
어떤 게 맞냐면
둘 다
맞는 말이야.
답답이들아!
척
2 곱하기 6도 12.
3 곱하기 4도 12.
방법만 다를 뿐 둘 다
맞는 방법이야.
으이구~
둘 다 맞는 말로 그렇게 싸우고
있었냐?
답답
답답
히히~
그렇구나.
그럴 줄 알았어.
히히.
스티커나
붙이자.

곱셈식으로 나타내기

▶ 일상생활에서 많은 수의 물건의 수를 셀 때 빠르게 세는 방법으로 몇씩 몇 묶음으로 나타내면 곱셈식으로 표현할 수 있습니다.

한 상자나 한 묶음에 같은 수의 물건이 담겨 있을 때 상자의 수를 알면 전체 물건의 수를 뛰어 세면서 구할 수 있어요.
이때 곱하기 기호(×)를 사용해서 곱셈식으로 나타낼 수 있어요.

도넛은 모두 몇 개일까요?

하나, 둘, 셋, 넷,
다섯, 여섯!
6개씩 들어 있네!

Donut
Donut
Donut
Donut

1상자 2상자 3상자 4상자

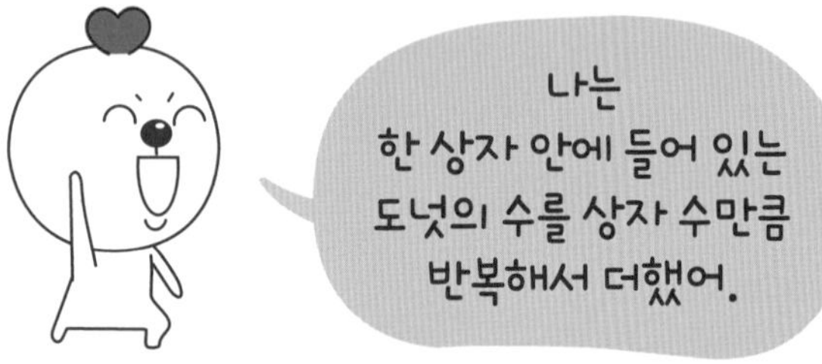
나는
한 상자 안에 들어 있는
도넛의 수를 상자 수만큼
반복해서 더했어.

$6+6+6+6=24$

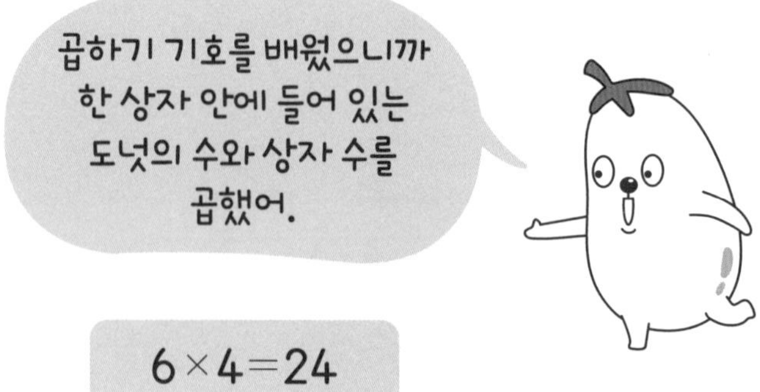
곱하기 기호를 배웠으니까
한 상자 안에 들어 있는
도넛의 수와 상자 수를
곱했어.

$6\times4=24$

$6\times4=24$는
6 곱하기 4는 24와 같습니다라고 읽어요.
6과 4의 곱은 24예요.

덧셈을 4번 반복하는 것보다 곱하기 기호를 한 번 쓰는 게 더 편리해요.

우유가 모두 몇 개인지 여러 가지 곱셈식으로 나타내 볼까요?

2씩 묶어 보면 2씩 9묶음 → 2의 9배

2+2+2+2+2+2+2+2+2=18(개)

2의 9배 → 2×9=18

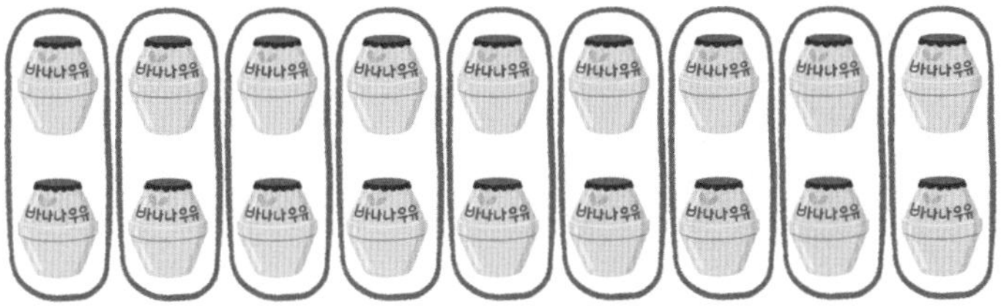

같은 수를 여러 번 더한
것을 곱셈식으로
나타낼 수 있어!

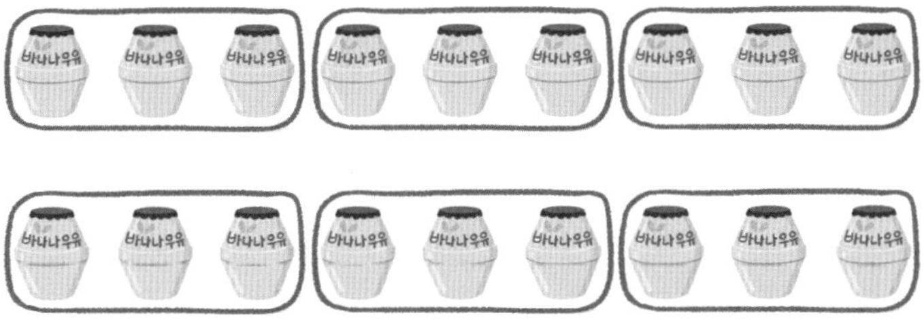

3씩 묶어 보면 3씩 6묶음

→ 3의 6배

3+3+3+3+3+3=18(개)

3의 6배 → 3×6=18

6씩 묶어 보면 6씩 3묶음

→ 6의 3배

6+6+6=18(개)

6의 3배 → 6×3=18

9씩 묶어 보면 9씩 2묶음

→ 9의 2배

9+9=18(개)

9의 2배 → 9×2=18

01 2단 곱셈구구

쵸배야,
하늘 좀 봐!
우아~
저게 뭐야?
척
오늘
풍선 날리기 축제를
한다고 하더니
벌써 시작했나 봐.
정말이네. 하늘로
풍선들이 날아가고 있어.
둥실
둥실
둥실
둥실
척
우아~ 엄청 많아!

● 무엇을 배울까요? 같은 수의 덧셈을 중심으로 활동을 하여 2씩 1묶음이 늘어날 때마다 얼마씩 커지는지 학생 스스로 확인하도록 합니다.

● 언제 배울까요? 초등학교 2학년 2학기 곱셈구구 단원에서 배워요.

누가 누가 먼저 풍선을
전부 세는지 대결하자!
좋아.
내가 먼저 다 셀 거야!
척
음.
음.
그럼 2개의 풍선이
7묶음이니까

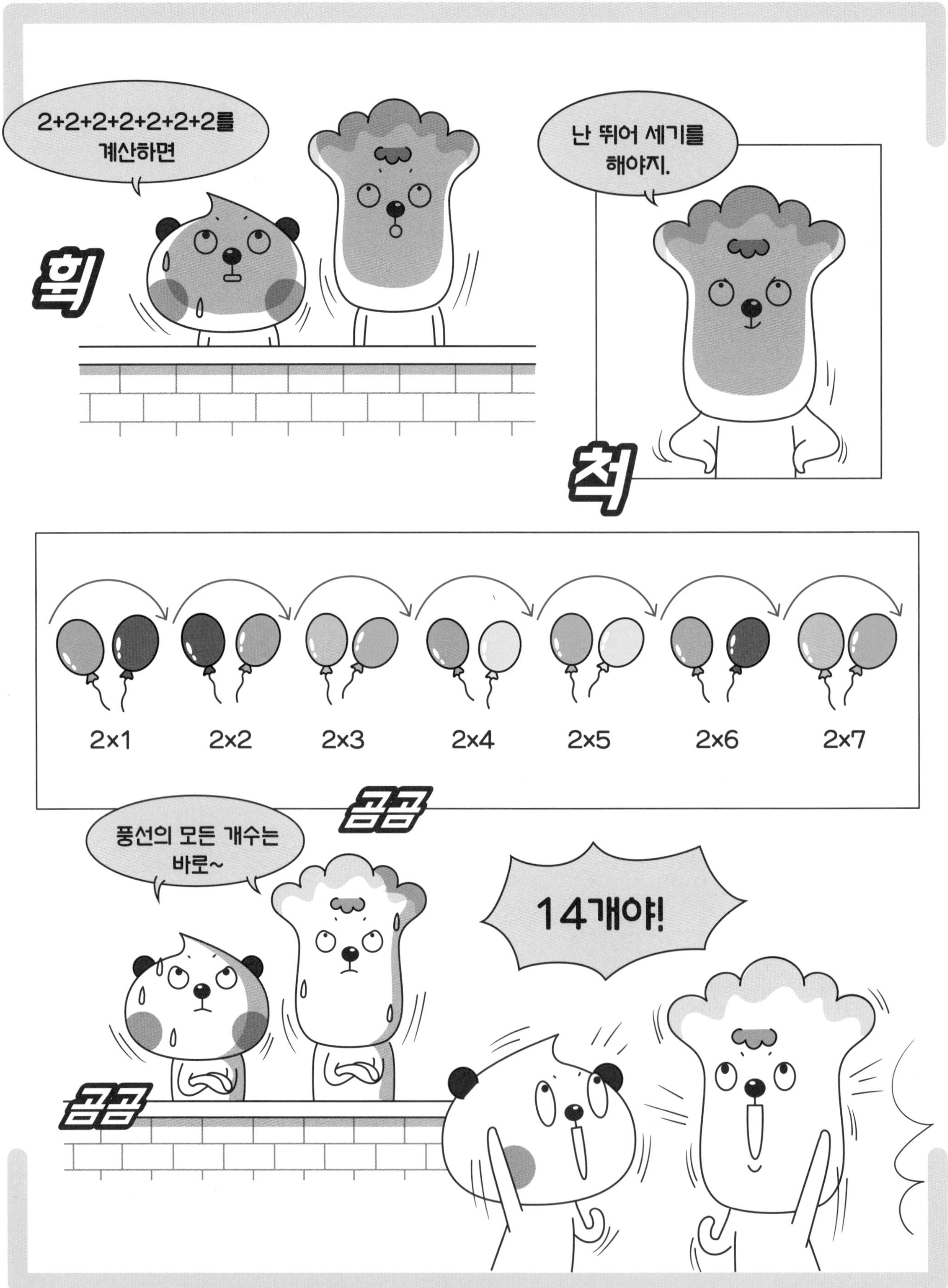
2+2+2+2+2+2+2를
계산하면
휙
난 뛰어 세기를
해야지.
척
2×1
2×2
2×3
2×4
2×5
2×6
2×7
곰곰
풍선의 모든 개수는
바로~
곰곰
14개야!

방긋
히히~ 이번엔 똑같이 말했군.
그렇군. 하하~
...
근데 대결이 끝났는데 왜 우린 계속 고개를 들고 있는 거지?
그건 말이야.
하늘을 계속 올려다 봤더니 목이 안 내려가!
흐잉~ 나도야.
으악! 내 목!
풍선 축제 말고 병원이나 가자.
응.
끄응...

2단 곱셈구구

- 2단 곱셈구구에서는 곱이 2씩 커집니다.
- 2씩 2묶음은 2+2=4, 2×2=4로 쓸 수 있습니다.

풍선의 수를 2씩 묶어 세어 볼까요?

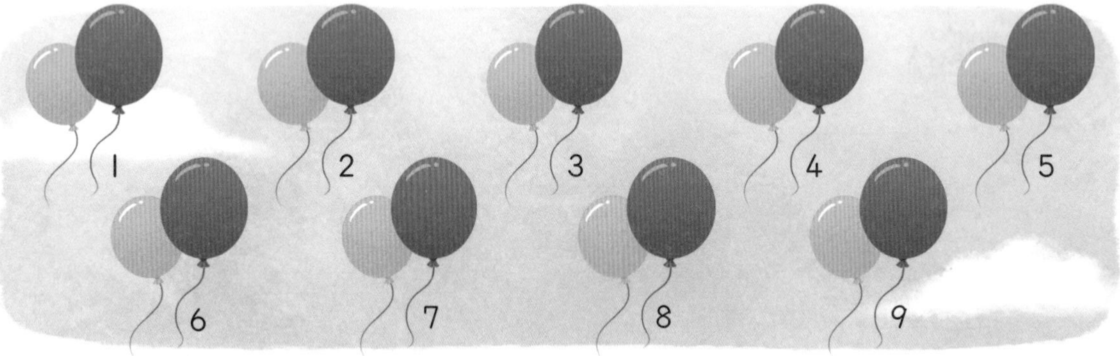

한 묶음의 수 → 2, 묶음의 수 → 1

2개씩

1묶음은 2개예요.	2×1=2
2묶음은 2+2=4(개)예요.	2×2=4
3묶음은 2+2+2=6(개)예요.	2×3=6
4묶음은 2+2+2+2=8(개)예요.	2×4=8
5묶음은 2+2+2+2+2=10(개)예요.	2×5=10
6묶음은 2+2+2+2+2+2=12(개)예요.	2×6=12
7묶음은 2+2+2+2+2+2+2=14(개)예요.	2×7=14
8묶음은 2+2+2+2+2+2+2+2=16(개)예요.	2×8=16
9묶음은 2+2+2+2+2+2+2+2+2=18(개)예요.	2×9=18

2씩 뛰어 센 수를 알아볼까요?

02 5단 곱셈구구

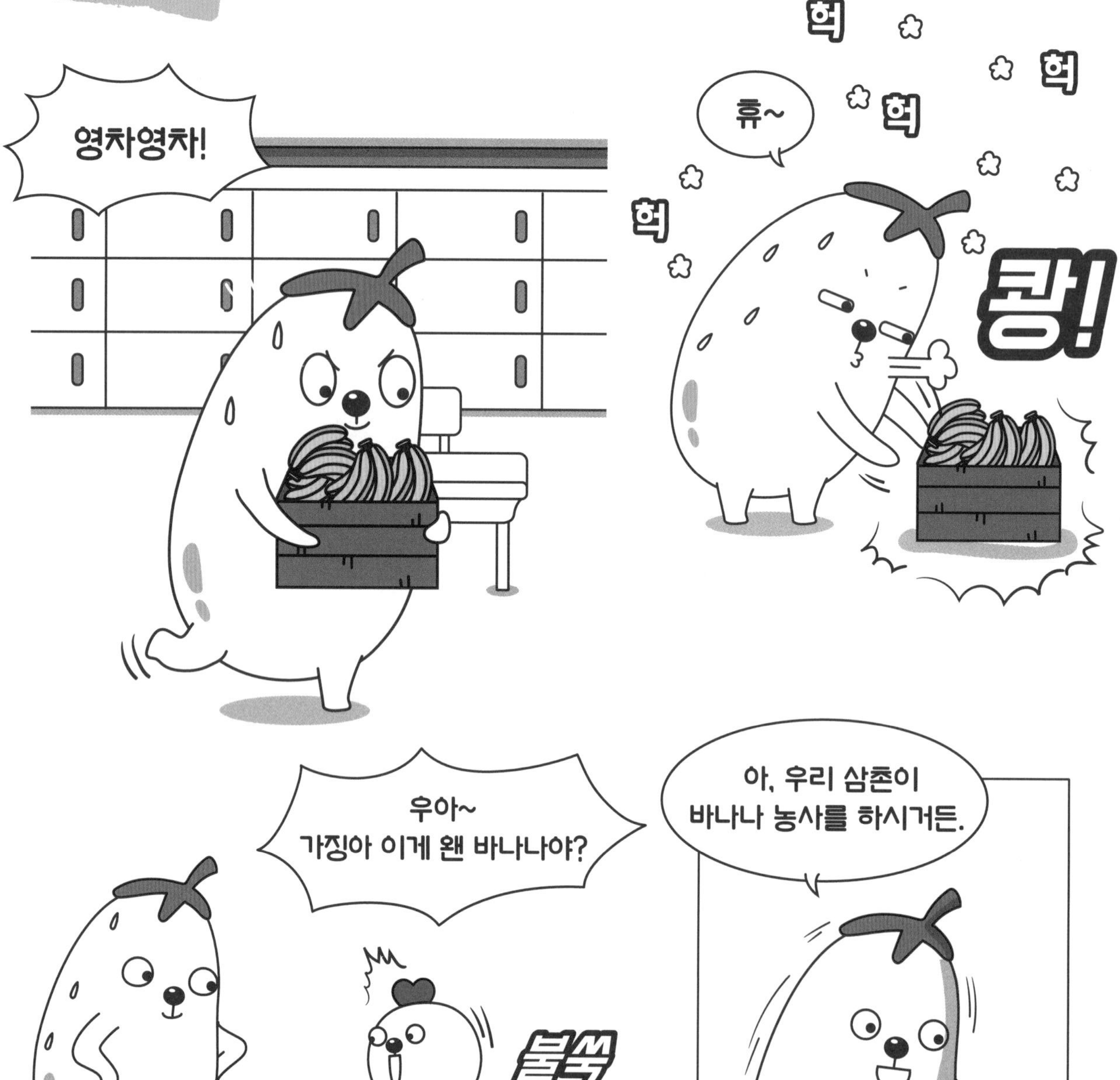
영차영차!
헉
헉
헉
헉
휴~
쾅!
우아~
가징아 이게 웬 바나나야?
불쑥
아, 우리 삼촌이
바나나 농사를 하시거든.

- 무엇을 배울까요? 같은 수의 덧셈을 중심으로 활동을 하여 5씩 1묶음이 늘어날 때마다 얼마씩 커지는지 학생 스스로 확인하도록 합니다.
- 언제 배울까요? 초등학교 2학년 2학기 곱셈구구 단원에서 배워요.

삼촌이 우리 반 아이들에게 나눠 주라고 아주 많이 주셨어.
척
우아~ 정말?
가징아, 너무 맛있겠다. 히히~
그럼 우리 반 아이들에게 다 나눠 줄 수 있는지 바나나 수를 세어 보자.
응.
음, 바나나가 다섯 개씩 달려 있네.

그러네,
그런 묶음이 총 6묶음이
있으니까
그럼
5를 6번 더하면 되겠네?
맞아!
6묶음이면
5+5+5+5+5+5를
하면 돼!
그럼,
총 바나나의 개수는
바로
30개야!
척
척
우아~
우리 반이 총 25명이니까
충분해.
30개니까 25명에게
다 나눠 주고도 5개가 남잖아.
히히~

그럼 남는 건
어떡하지?
있잖아~
히히~
그야 당연히 우리끼리만
더 나눠 가지겠지?
그래!
남는 건 말이야~
탁
당연히
선생님들 나눠 드려야지.
우리끼리~
엥? 우리끼리?
체로야, 무슨 말하려고
한 거야?
아,
그… 그게~
우리끼리 선생님께
나눠 드리러 가자고 말이야.
히히~
휴~
큰일 날 뻔했네.
항상 착한 마음으로
살아야지.

5단 곱셈구구

- 5단 곱셈구구에서는 곱이 5씩 커집니다.
- 5씩 2묶음은 5+5=10, 5×2=10으로 쓸 수 있습니다.

바나나의 수를 5씩 묶어 세어 볼까요?

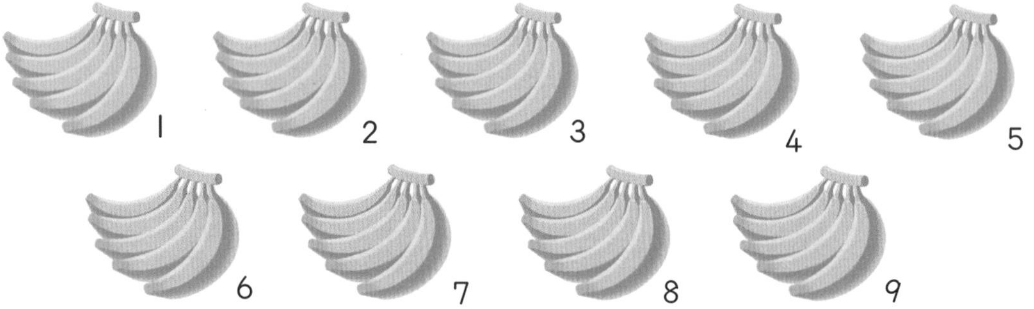

한 묶음의 수 → 5, 묶음의 수 → 1

5개씩	1묶음은 5개예요.	5×1=5
	2묶음은 5+5=10(개)예요.	5×2=10
	3묶음은 5+5+5=15(개)예요.	5×3=15
	4묶음은 5+5+5+5=20(개)예요.	5×4=20
	5묶음은 5+5+5+5+5=25(개)예요.	5×5=25
	6묶음은 5+5+5+5+5+5=30(개)예요.	5×6=30
	7묶음은 5+5+5+5+5+5+5=35(개)예요.	5×7=35
	8묶음은 5+5+5+5+5+5+5+5=40(개)예요.	5×8=40
	9묶음은 5+5+5+5+5+5+5+5+5=45(개)예요.	5×9=45

5씩 뛰어 센 수를 알아볼까요?

03 3단 곱셈구구

우아~
티브이 좀 봐!
활짝
휙
남극에 사는 펭귄들이 아주 많잖아.
부모님들이 먹이를 구하러 가고 새끼들만 모여 있나 봐.
새끼들이 끼리끼리 모여 있네.
정말 귀여워.
방긋

● 무엇을 배울까요? 같은 수의 덧셈을 중심으로 활동을 하여 3씩 1묶음이 늘어날 때마다 얼마씩 커지는지 학생 스스로 확인하도록 합니다.

● 언제 배울까요? 초등학교 2학년 2학기 곱셈구구 단원에서 배워요.

텔레비전에 나오는 새끼들은 3마리씩 4무리가 모여 있네.
그럼 3을 4번 더하면 텔레비전에 나오는 새끼 펭귄의 수가 나오겠군.
척
그럼 모두 12마리의 새끼 펭귄이 있구나!
맞아! 히히~
폴짝
남극에 가면 훨씬 더 많은 숫자의 펭귄이 있을 거야.

그래.
남극에는 우리가 몇 달을
세어도 셀 수 없는 숫자의 펭귄이
있다고 했어.
맞아! 하하~ 그 수를
3의 배수로 곱하다가는
아마 늙어 죽을 거야.
척
난 그래도
귀여운 펭귄들을 보러
남극으로 가고 싶어.
정말?
찌릿!
엥?
왜 그렇게
쳐다보는 거야?
흠. 네가 아직
잘 모르는 사실이 있군.
뭐?
휙

남극은 말이야.
온도가 영하 30도보다 훨씬 더 내려가.
덜덜덜
뭐라고?
헉
넌 오늘 아침에도 춥다고 벌벌 떨었잖아.
남극에서 펭귄을 보기도 전에 얼어 죽을걸?
킥킥
킥킥
쵸배야.
응?
남극은 그냥 텔레비전으로 보는 게 좋은 것 같아. 하하~
킥킥~ 그럼 그렇지.

3단 곱셈구구

- 3단 곱셈구구에서는 곱이 3씩 커집니다.
- 3씩 2묶음은 3+3=6, 3×2=6으로 쓸 수 있습니다.

책의 수를 3씩 묶어 세어 볼까요?

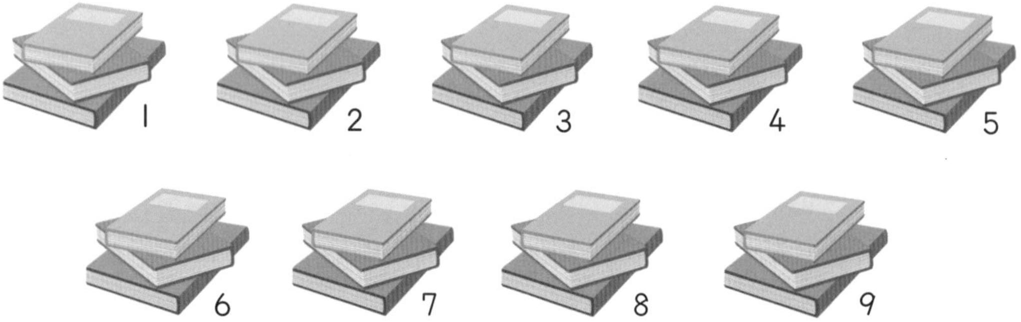

한 묶음의 수 → 3, 묶음의 수 → 1

3개씩	1묶음은 3권이에요.	3×1=3
	2묶음은 3+3=6(권)이에요.	3×2=6
	3묶음은 3+3+3=9(권)이에요.	3×3=9
	4묶음은 3+3+3+3=12(권)이에요.	3×4=12
	5묶음은 3+3+3+3+3=15(권)이에요.	3×5=15
	6묶음은 3+3+3+3+3+3=18(권)이에요.	3×6=18
	7묶음은 3+3+3+3+3+3+3=21(권)이에요.	3×7=21
	8묶음은 3+3+3+3+3+3+3+3=24(권)이에요.	3×8=24
	9묶음은 3+3+3+3+3+3+3+3+3=27(권)이에요.	3×9=27

3씩 뛰어 센 수를 알아볼까요?

04 6단 곱셈구구

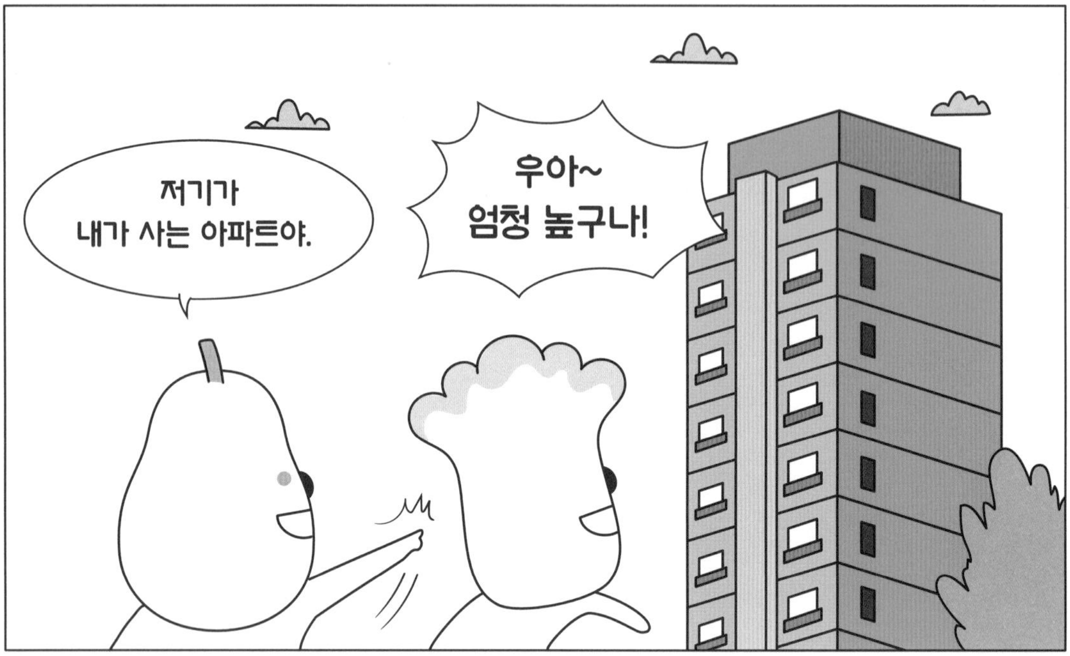
저기가
내가 사는 아파트야.
우아~
엄청 높구나!

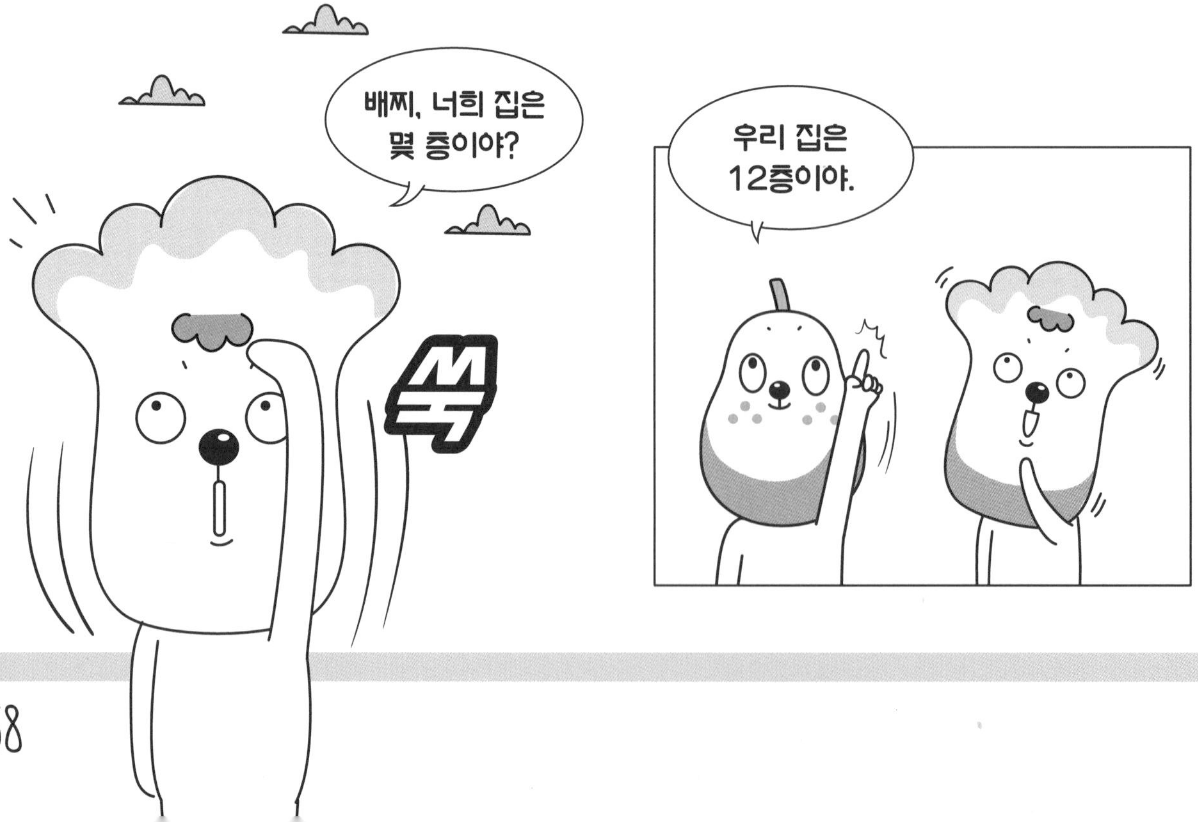
배찌, 너희 집은
몇 층이야?
쑥
우리 집은
12층이야.

● 무엇을 배울까요? 3의 단 곱셈구구의 구성 원리에 대한 이해를 바탕으로 6의 단 곱셈구구의 구성 원리를 활동을 통해 확인하도록 합니다. 같은 수의 덧셈을 중심으로 활동을 하여 6씩 1묶음이 늘어날 때마다 얼마씩 커지는지 학생 스스로 확인하도록 합니다.

● 언제 배울까요? 초등학교 2학년 2학기 곱셈구구 단원에서 배워요.

12층이면 어느 창문이지?
저 위에 저 창문 보이지?
척
어디, 어디? 어느 창문을 말하는 거야?
휙
휙
자, 1층부터 창문 수를 셀 테니 잘 봐.

6X1
⑤
④
③
②
①
6층이 저기,
6X2
⑪
⑩
⑨
⑧
⑦
6X1
⑤
④
③
②
①
그다음
6층을 더 건너 뛰면
저기잖아!
척
앗!
척
그렇구나! 나도 이제
어딘지 알겠어.
배찌는 좋겠다.
두근
두근
엥? 왜?

저렇게 높은 곳에서 살고 있잖아.
나도 아파트 높은 곳에서 살아 보고 싶어!
...
과연 그럴까?
오늘 우리 집에 놀러 가기로 했지?
응. 히히~
두-둥
1
엘리베이터 고 장
어제부터 고장 났어. 12층까지 걸어가야 해.
난 그냥 1층인 우리 집이 좋은 것 같아.
덜
덜
덜
덜

6단 곱셈구구

- 6단 곱셈구구에서는 곱이 6씩 커집니다.
- 6씩 2묶음은 6+6=12, 6×2=12로 쓸 수 있습니다.

애벌레 다리의 수를 6씩 묶어 세어 볼까요?

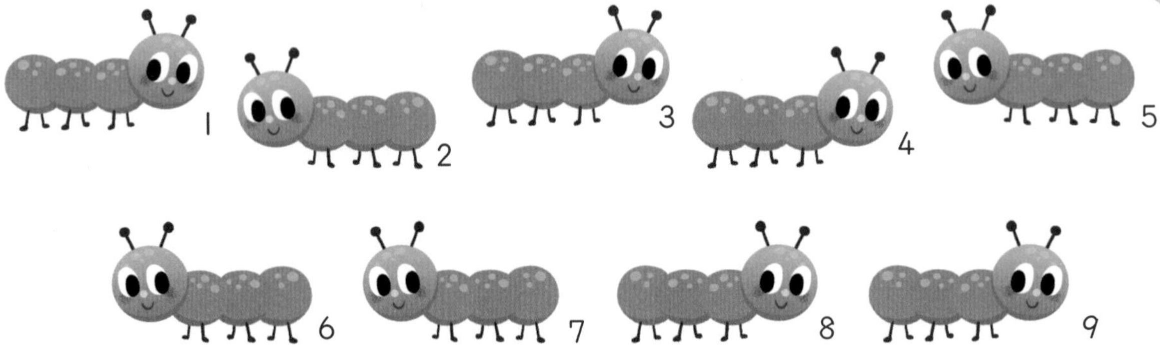

한 묶음의 수 → 6, 묶음의 수 → 1

6개씩

1묶음은 6개예요.	6×1=6
2묶음은 6+6=12(개)예요.	6×2=12
3묶음은 6+6+6=18(개)예요.	6×3=18
4묶음은 6+6+6+6=24(개)예요.	6×4=24
5묶음은 6+6+6+6+6=30(개)예요.	6×5=30
6묶음은 6+6+6+6+6+6=36(개)예요.	6×6=36
7묶음은 6+6+6+6+6+6+6=42(개)예요.	6×7=42
8묶음은 6+6+6+6+6+6+6+6=48(개)예요.	6×8=48
9묶음은 6+6+6+6+6+6+6+6+6=54(개)예요.	6×9=54

6씩 뛰어 센 수를 알아볼까요?

05 4단 곱셈구구

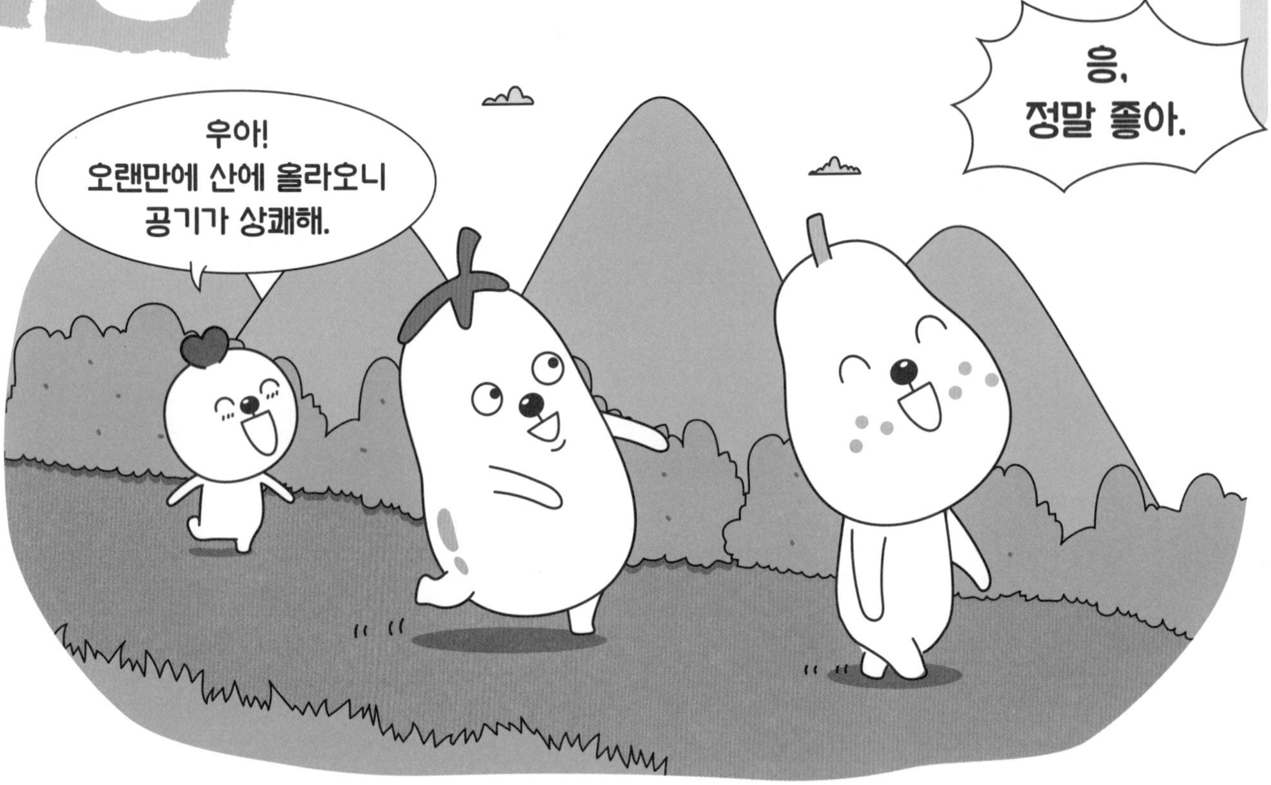
우아!
오랜만에 산에 올라오니
공기가 상쾌해.
응,
정말 좋아.

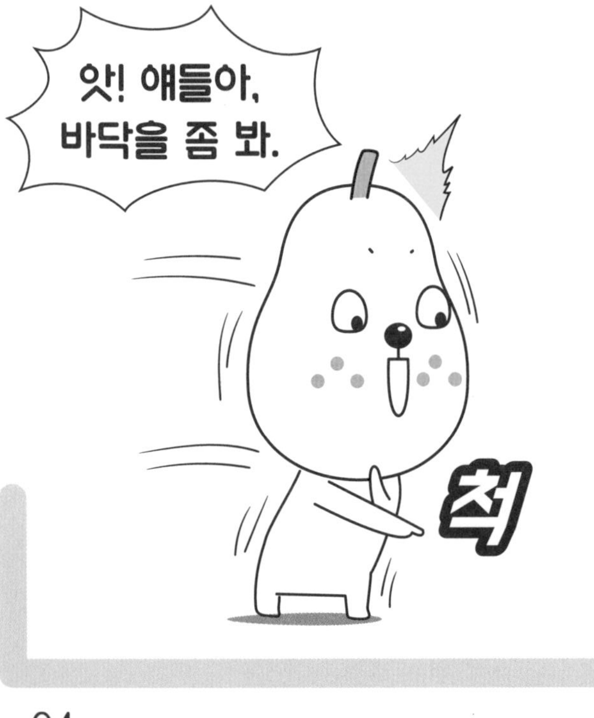
앗! 얘들아,
바닥을 좀 봐.
척

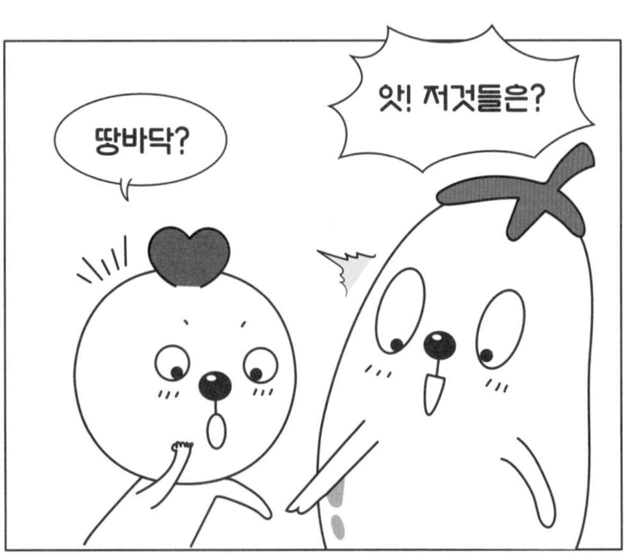
땅바닥?
앗! 저것들은?

● 무엇을 배울까요? 같은 수의 덧셈을 중심으로 활동을 하여 4씩 1묶음이 늘어날 때마다 얼마씩 커지는지 학생 스스로 확인하도록 합니다.

● 언제 배울까요? 초등학교 2학년 2학기 곱셈구구 단원에서 배워요.

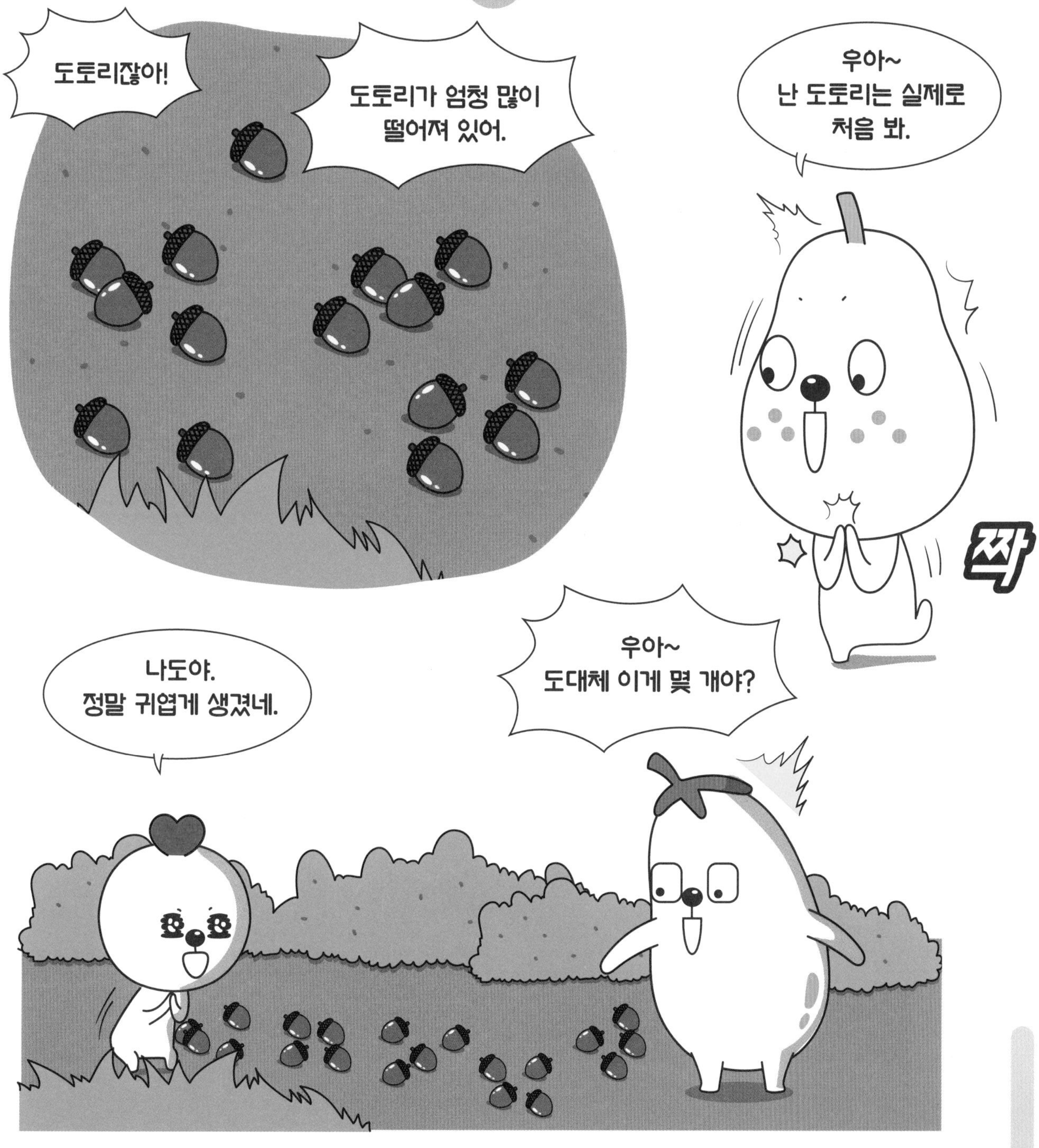
도토리잖아!
도토리가 엄청 많이 떨어져 있어.
우아~ 난 도토리는 실제로 처음 봐.
짝
나도야. 정말 귀엽게 생겼네.
우아~ 도대체 이게 몇 개야?

한번 세어 보자!
앗. 도토리가 4개씩 5묶음이야.
척
그럼 4를 5번 더하면 되니까
20! 도토리가 20개 있는 거야.
맞아. 히히~ 정말 많이 있어.
헤헤~ 도토리가 정말 귀여워서 몇 개 주워 가려고.
배찌야, 뭐하는 거야?
오잉?
휙

안 돼! 배찌야.
척
체로 말이 맞아! 주우면 안 돼.
엥? 갑자기 왜 그래?
산에 있는 도토리는 말이야. 다람쥐들의 소중한 먹이야.
맞아. 만약 우리가 들고 가 버리면 다람쥐들은 굶게 돼.
헉! 그렇구나.
미안해. 다람쥐들아~
휙
도토리 많이 먹고 건강해, 다람쥐들아~ 히히~
잘했어. 배찌야.
히히~

4단 곱셈구구

- 4단 곱셈구구에서는 곱이 4씩 커집니다.
- 4씩 2묶음은 4+4=8, 4×2=8로 쓸 수 있습니다.

도토리의 수를 4씩 묶어 세어 볼까요?

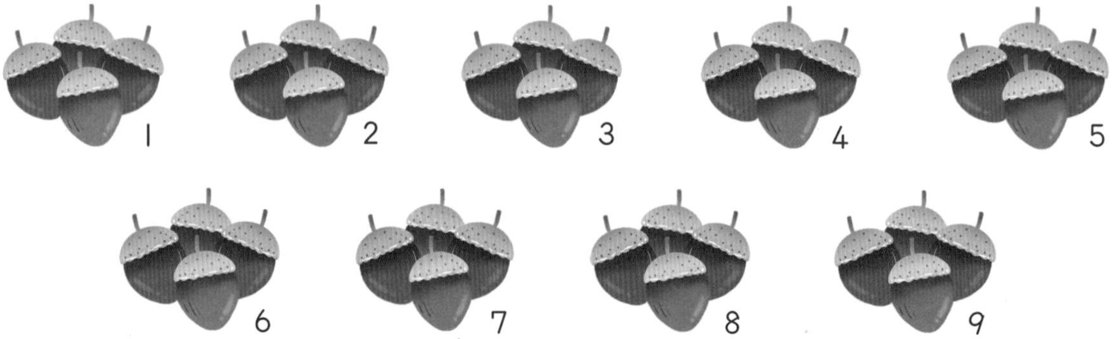

한 묶음의 수 → 4, 묶음의 수 → 1

4개씩	1묶음은 4개예요.	4×1=4
	2묶음은 4+4=8(개)예요.	4×2=8
	3묶음은 4+4+4=12(개)예요.	4×3=12
	4묶음은 4+4+4+4=16(개)예요.	4×4=16
	5묶음은 4+4+4+4+4=20(개)예요.	4×5=20
	6묶음은 4+4+4+4+4+4=24(개)예요.	4×6=24
	7묶음은 4+4+4+4+4+4+4=28(개)예요.	4×7=28
	8묶음은 4+4+4+4+4+4+4+4=32(개)예요.	4×8=32
	9묶음은 4+4+4+4+4+4+4+4+4=36(개)예요.	4×9=36

4씩 뛰어 센 수를 알아볼까요?

06 8단 곱셈구구

휴~ 덥다.
여기 나무 그늘에서
좀 쉬자.
응~
졸래졸래
졸래졸래

휴~
나무 그늘이 있어서
살았어. 히히~
오잉?
휙
가징아.
왜 그래?

- 무엇을 배울까요? 4의 단 곱셈구구의 구성 원리에 대한 이해를 바탕으로 8의 단 곱셈구구의 구성 원리를 활동을 통해 확인하도록 합니다. 같은 수의 덧셈을 중심으로 활동을 하여 8씩 1묶음이 늘어날 때마다 얼마씩 커지는지 학생 스스로 확인하도록 합니다.
- 언제 배울까요? 초등학교 2학년 2학기 곱셈구구 단원에서 배워요.

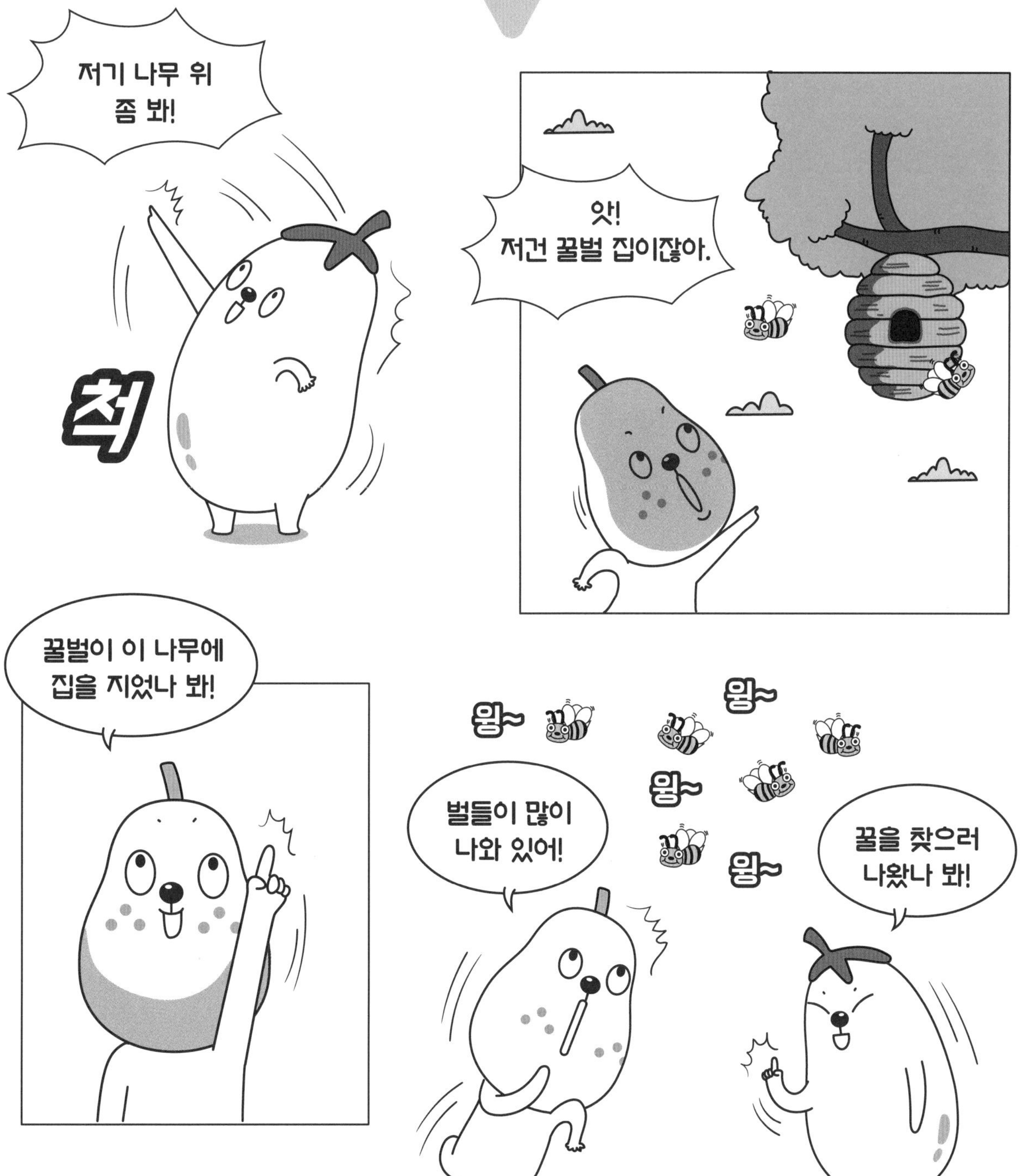

저기 나무 위
좀 봐!
척
앗!
저건 꿀벌 집이잖아.
꿀벌이 이 나무에
집을 지었나 봐!
윙~
윙~
윙~
윙~
벌들이 많이
나와 있어!
꿀을 찾으러
나왔나 봐!

8마리씩 묶어서
세어 보면
8을 3번 더해야 해.
앗! 그럼 꿀벌이
총 24마리가
있군.
아마
저 꿀벌 집 안에는
훨씬 많은 벌들이 있을
거야.
꿀벌을 보니 갑자기
저 벌집 안의 꿀이
먹고 싶어. 히히.
헉!
깜짝
척
절대 저 벌집을
건드리면 안 돼.

그건
아주 위험한
행동이야.
벌집을 보면
조심조심하면서 조용히
지나가야 해.
가징아. 도망쳐!
쌔앵
엥?
갑자기 어디 가?
네가 시끄럽게 떠들어
벌들이 다 나왔어!
후다닥
뜨헉
윙~
윙~
윙~
윙~
윙~
미안해, 벌들아.
같이 가! 배찌야.
후다닥

8단 곱셈구구

- 8단 곱셈구구에서는 곱이 8씩 커집니다.
- 8씩 2묶음은 8+8=16, 8×2=16으로 쓸 수 있습니다.

거미 다리의 수를 8씩 묶어 세어 볼까요?

한 묶음의 수 → 8, 묶음의 수 → 1

8개씩

1묶음은 8개예요.	8×1=8
2묶음은 8+8=16(개)예요.	8×2=16
3묶음은 8+8+8=24(개)예요.	8×3=24
4묶음은 8+8+8+8=32(개)예요.	8×4=32
5묶음은 8+8+8+8+8=40(개)예요.	8×5=40
6묶음은 8+8+8+8+8+8=48(개)예요.	8×6=48
7묶음은 8+8+8+8+8+8+8=56(개)예요.	8×7=56
8묶음은 8+8+8+8+8+8+8+8=64(개)예요.	8×8=64
9묶음은 8+8+8+8+8+8+8+8+8=72(개)예요.	8×9=72

8씩 뛰어 센 수를 알아볼까요?

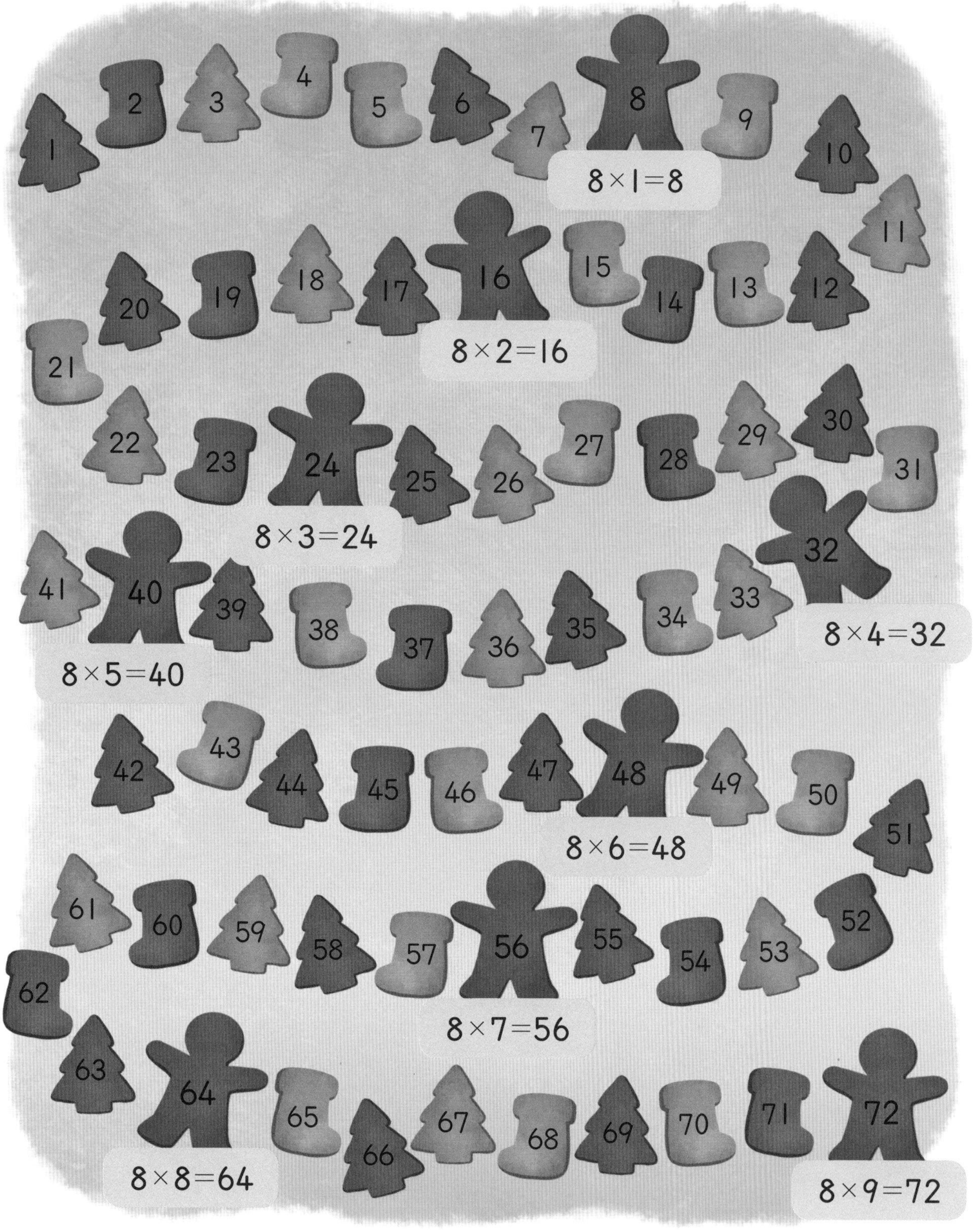

07 7단 곱셈구구

토리야,
공원에서 뭐해?
공원에 낙엽이 많아서
청소하고 있었어.
배시시
방긋
그런데 왜 쪼그려
앉아 있는 거야?
히히~
낙엽을 쓸고 있었는데
오늘 배운 곱셈이 생각나지 뭐야.
척

● 무엇을 배울까요? 같은 수의 덧셈을 중심으로 활동을 하여 7씩 1묶음이 늘어날 때마다 얼마씩 커지는지 학생 스스로 확인하도록 합니다.

● 언제 배울까요? 초등학교 2학년 2학기 곱셈구구 단원에서 배워요.

그래서 낙엽의 개수를 세면서 곱셈 공부를 하고 있었어.
휙
곱셈?
응!
오늘 학교에서 7의 단 곱셈을 배웠거든.
주위의 낙엽을 모아서 보여 줄게. 잘 봐.
휙

이렇게 낙엽을
모아 놨어.
가징아!
내가 7개의 낙엽을 몇 묶음으로
묶었지?
하나, 둘, 셋, 넷.
4묶음이야.
휙
휙
휙
맞아. 그럼
7을 4번 더하면
음.
곰곰
바로 28이야.

그렇지!
28이야.
활짝
어때?
이렇게 주변의 사물을 가지고
곱셈을 배우니까 재미있고
신기하지?
응. 근데,
난 더 신기한 게 있어.
엥? 뭐야?
낙엽 청소하는 것도
대단한데,
공부까지 하다니.
척
학교 수업 시간에도
하기 싫은 공부를
말이야.
토리 너
소름 끼쳐.
킥킥.
가징이는 상상도 못 할
일이긴 하지~
척

7단 곱셈구구

- 7단 곱셈구구에서는 곱이 7씩 커집니다.
- 7씩 2묶음은 7+7=14, 7×2=14로 쓸 수 있습니다.

무당벌레 날개의 점의 수를 7씩 묶어 세어 볼까요?

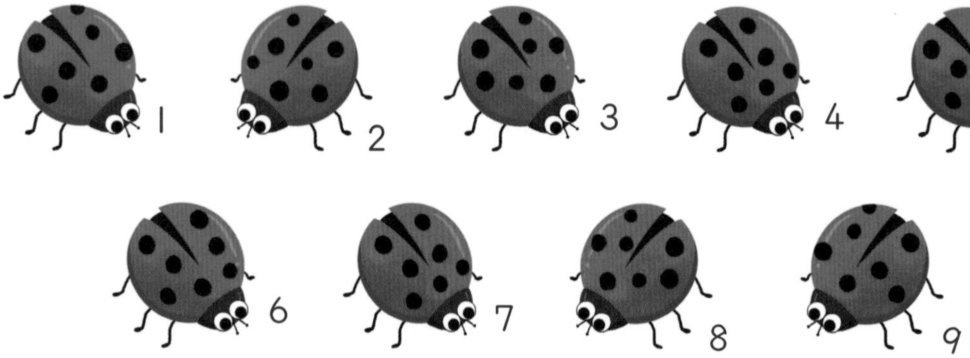

한 묶음의 수 → 7, 묶음의 수 → 1

7개씩

1묶음은 7개예요.	7×1=7
2묶음은 7+7=14(개)예요.	7×2=14
3묶음은 7+7+7=21(개)예요.	7×3=21
4묶음은 7+7+7+7=28(개)예요.	7×4=28
5묶음은 7+7+7+7+7=35(개)예요.	7×5=35
6묶음은 7+7+7+7+7+7=42(개)예요.	7×6=42
7묶음은 7+7+7+7+7+7+7=49(개)예요.	7×7=49
8묶음은 7+7+7+7+7+7+7+7=56(개)예요.	7×8=56
9묶음은 7+7+7+7+7+7+7+7+7=63(개)예요.	7×9=63

7씩 뛰어 센 수를 알아볼까요?

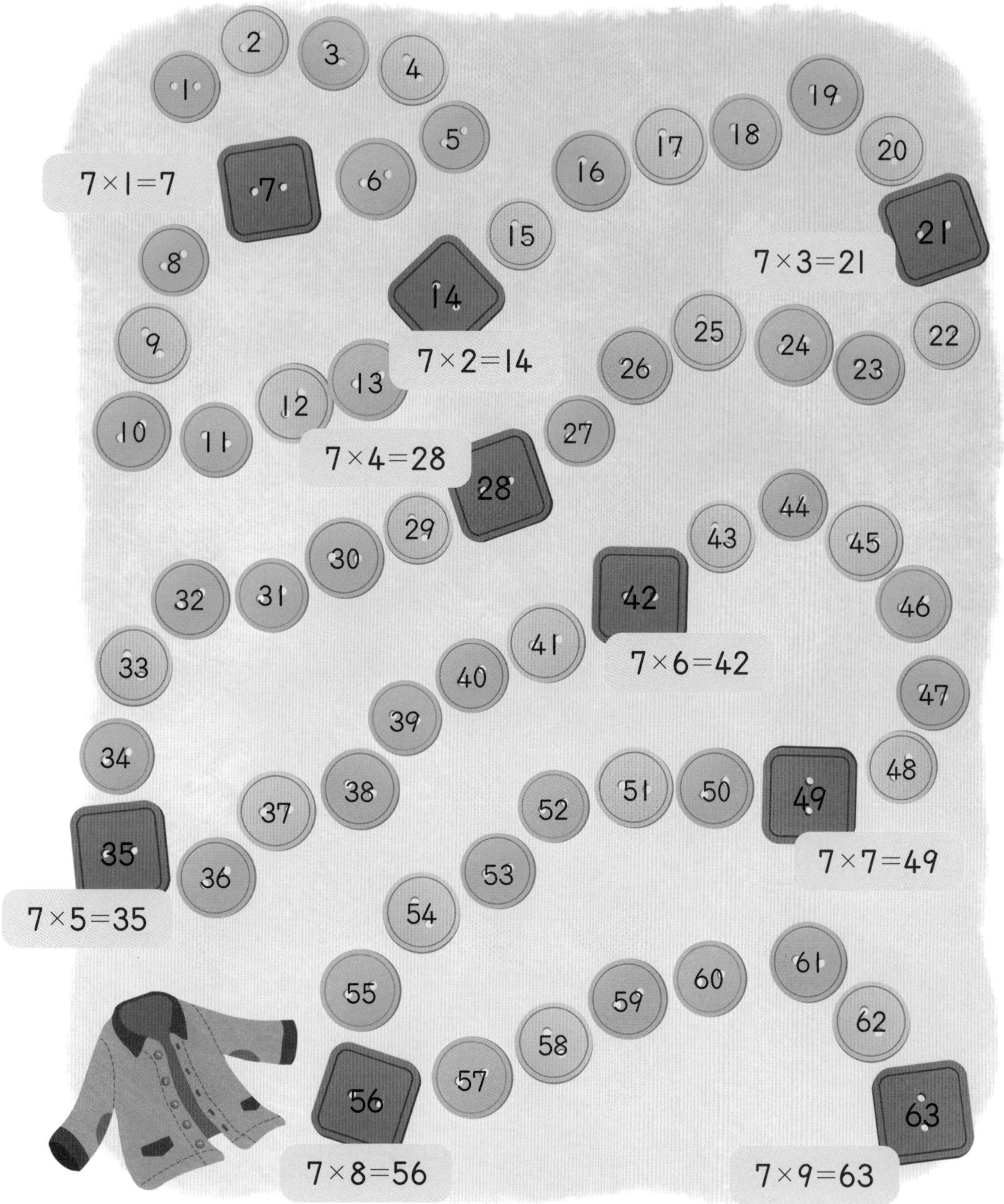

08 9단 곱셈구구

너희들
그 이야기 알지?
무슨 이야기?
...
구미호 이야기
말이야.
깜짝
헉! 구미호는
꼬리가 아홉 개 달린
여우잖아.
맞아.
구미호는 사람을 홀리는
요술을 부리는 여우야.

● 무엇을 배울까요? 같은 수의 덧셈을 중심으로 활동을 하여 7씩 1묶음이 늘어날 때마다 얼마씩 커지는지 학생 스스로 확인하도록 합니다.

● 언제 배울까요? 초등학교 2학년 2학기 곱셈구구 단원에서 배워요.

아홉 개의 꼬리에서 그 능력이 나온다는 말도 있어.
그런데 그 얘기를 왜 이 밤에 하는 거야?
얼마 전 우리 동네에도 구미호가 나타났다는 소문이 돌고 있어.
덜덜덜
척
뭐라고?
뻐… 뻥치지 마!
구미호는 전설에나 나온다고!
버럭

아니야.
얼마 전 구미호가 아홉 개의 꼬리로
사람들을 홀려서 잡아갔대.
정말?
응.
그것도 한 마리가 아니라
3마리였대.
그럼 전체 꼬리가…
9를 3번 더하면 총 27개의
꼬리로 사람을 홀리는 거잖아.
그래서 요술이
더 강력한 걸지도
모르지.
흥! 나… 난 그런
미신은 절대 안 믿어.
얘들아,
저 창문에 저거!

뜨헉!
살랑
저건 구미호 꼬리야!
살랑
진짜 있었잖아.
가징아, 얼른 도망가자!
덜
덜
덜
덜
엥? 가징이가
어디로 갔지?
휙
휙
휙
뜨아악! 구미호닷!
가징이 살려!
후다닥
안 믿는다더니
제일 먼저 도망치잖아.
같이 가!
후다닥
킥킥~
배찌야, 다 갔어.
히히히히~
아이들 놀래키기
작전 성공!
휙
살랑
살랑

9단 곱셈구구

- 9단 곱셈구구에서는 곱이 9씩 커집니다.
- 9씩 2묶음은 $9+9=18$, $9\times2=18$로 쓸 수 있습니다.

물고기의 수를 9씩 묶어 세어 볼까요?

어항의 수가 1씩 커질수록
물고기의 수는 9씩 커지네.

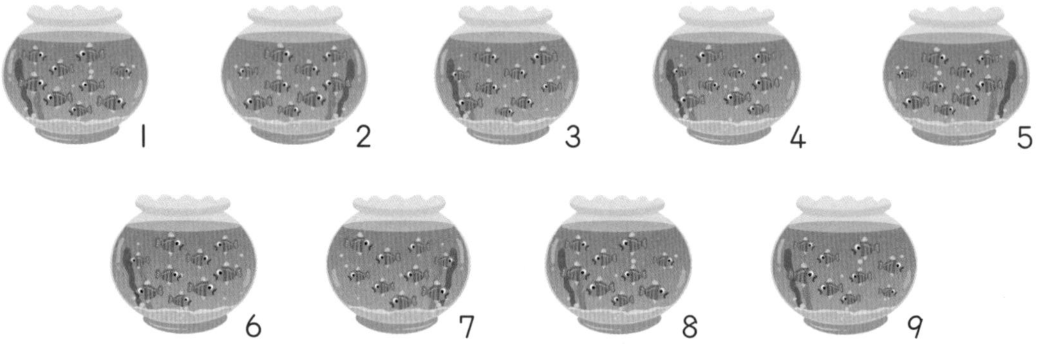

1
2
3
4
5
6
7
8
9

한 묶음의 수 / 묶음의 수

9개씩

1묶음은 9마리예요.	$9\times1=9$
2묶음은 $9+9=18$(마리)예요.	$9\times2=18$
3묶음은 $9+9+9=27$(마리)예요.	$9\times3=27$
4묶음은 $9+9+9+9=36$(마리)예요.	$9\times4=36$
5묶음은 $9+9+9+9+9=45$(마리)예요.	$9\times5=45$
6묶음은 $9+9+9+9+9+9=54$(마리)예요.	$9\times6=54$
7묶음은 $9+9+9+9+9+9+9=63$(마리)예요.	$9\times7=63$
8묶음은 $9+9+9+9+9+9+9+9=72$(마리)예요.	$9\times8=72$
9묶음은 $9+9+9+9+9+9+9+9+9=81$(마리)예요.	$9\times9=81$

9씩 뛰어 센 수를 알아볼까요?

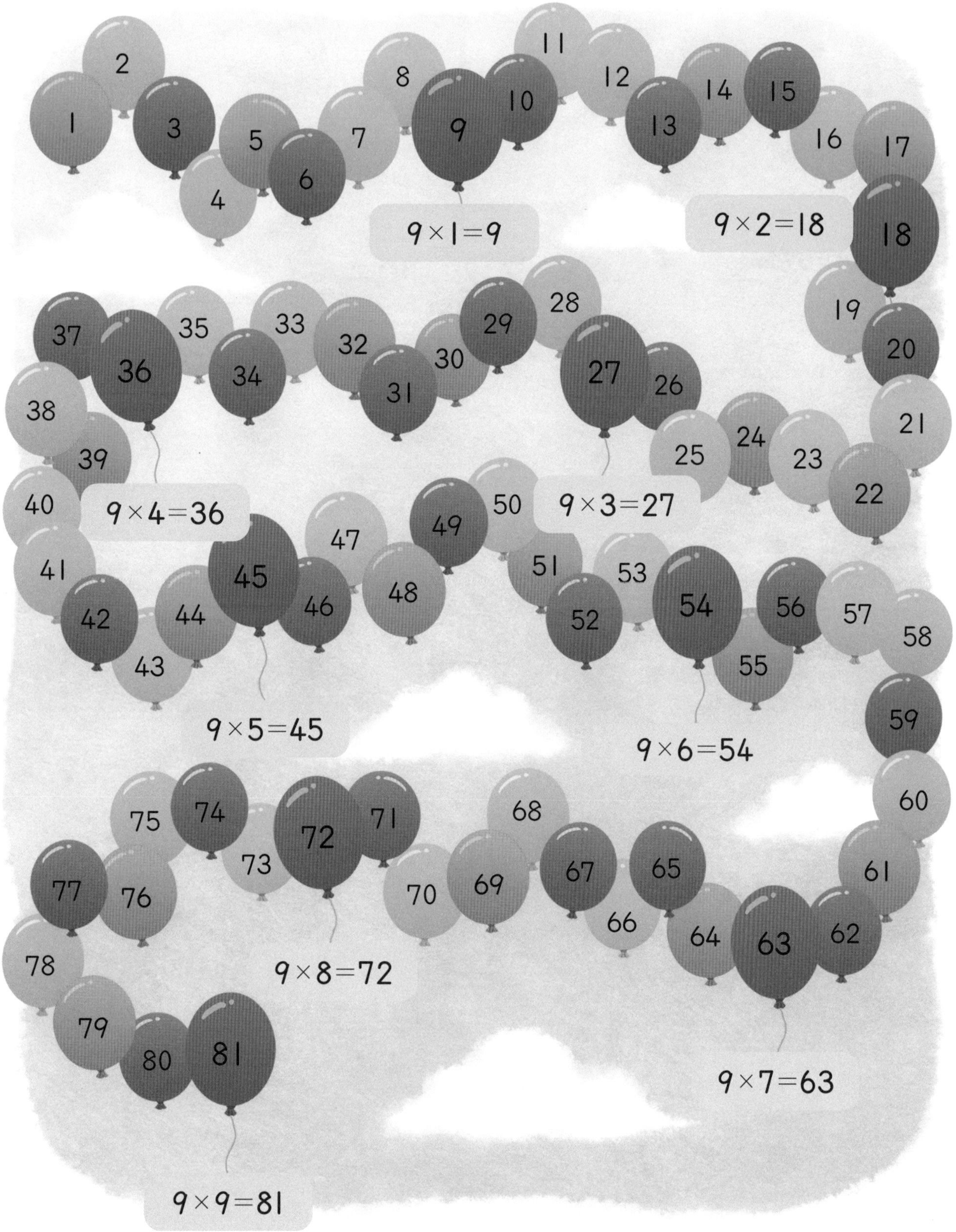

★ 대한민국 초딩이 알아야 할 모든 지식 ★
또래퀴즈
우리 아이 척척박사 만들기
프로젝트
초등학생을 위한 지식 퀴즈 백과
또래 퀴즈
호기심 퀴즈 백과
서로 묻고 답하며 두뇌 & 지식이 쑥쑥!
이젠교육
또래 퀴즈 호기심 퀴즈 백과
스프링북 | 정가 10,000원
한 손에 들고 다니면서 친구들이랑 맞히기 해요!
16 맛있는 음식을 보면 왜 침이 고일까요?
그림, 힌트를 보면서 풀면 이해하기 쉬울 거예요!
초등 지식을 퀴즈, 해설과 함께 재미있게 익혀요!
스프링 제본으로 책장을 편하게 넘길 수 있어요!
세계 퀴즈 백과
인물 퀴즈 백과
과학 퀴즈 백과
호기심 퀴즈 백과
사회·문화 퀴즈 백과
상식 퀴즈 백과
한국사 퀴즈 백과
신기한 퀴즈 백과
COMING SOON
다음 시리즈도 곧 만나볼 수 있어요!
또래 퀴즈 백과 시리즈
세계 퀴즈 | 인물 퀴즈 | 과학 퀴즈 | 호기심 퀴즈 |
사회·문화 퀴즈 | 상식 퀴즈 | 한국사 퀴즈 | 신기한 퀴즈
이젠교육
EZEN EDUCATION

★ 마법처럼 술술 풀리는 단계별 연산 교재 ★
이젠 연산왕
연산에서 문장제까지
한 권으로 끝내기
수학의 기초는
이젠 연산왕으로 충분해요
- 유아부터 초등까지 단계별 완벽마스터
P1 P2 P3 A B C
학습 관리가 편해요
- 5일 동안, 하루 3쪽 분량으로
매일 체크 가능
- 주별 반복 학습 문제 제공
지루할 틈이 없어요
- 친숙한 생활 소재들의 시각화 연산
- 칭찬 스티커로 학습 동기 부여
자세한 단계
진도 연산
이젠 연산왕
빠른 학기
드릴 연산
쌍둥이
연산노트
재미있는
만화수학교과서
이젠 꼭 필요한
초등수학
낱권 8,000원 | 세트 48,000원
우리 만나요!!
도서 관련 질문도
학습 고민도
다양한 소식도
인스타그램에서
만날 수 있어요.
이젠교육
EZEN EDUCATION

시작하면 끝까지 보는

이젠 꼭 필요한 초등수학 시리즈

초등 1학년

1학년에게 꼭 필요한
도형과 측정

1학년에게 꼭 필요한
구구단

1학년에게 꼭 필요한
시계와 달력

초등 2학년

2학년에게 꼭 필요한
도형과 측정

2학년에게 꼭 필요한
구구단

초등 3학년

3학년에게 꼭 필요한
도형

3학년에게 꼭 필요한
분수와 소수

3학년에게 꼭 필요한
시간과 측정

초등 4학년

4학년에게 꼭 필요한
도형

4학년에게 꼭 필요한
분수와 소수

의 책이에요!

제 품 명: 1학년에게 꼭 필요한 구구단
제조자명: 이젠교육
제조국명: 대한민국
제조년월: 판권에 별도 표기
사용학년: 8세 이상

※ KC마크는 이 제품이 공통안전기준에 적합하였음을 의미합니다.

값 16,000원 (2권 세트)
63410
ISBN 979-11-90880-64-0

이젠수학연구소 지음

1학년에게 꼭 필요한

구구단

[수학 익힘책]

이젠교육
EZEN EDUCATION

이젠수학연구소 지음

이젠수학연구소는 유아에서 초중고까지 학생들이 수학의 바른길을 찾아낼 수 있도록 수학 학습법을 연구하는 이젠교육의 수학 연구소입니다. 수학 실력은 하루아침에 완성되지 않으며, 다양한 경험을 통해 발달합니다. 그길에 친구가 되고자 노력합니다.

1학년에게 꼭 필요한 구구단 (수학 익힘책)

초판 1쇄 발행 | 2022년 1월 10일

지 은 이 이젠수학연구소
펴 낸 이 임요병
펴 낸 곳 ㈜이젠미디어
출판등록 제 2020-000073호
주　　소 서울시 영등포구 양평로 22길 21
코오롱디지털타워 404호
전　　화 (02)324-1600
팩　　스 (031)941-9611
인스타그램 @ezeneducation
블 로 그 http://blog.naver.com/ezeneducation

@이젠교육
ISBN 979-11-90880-64-0

1학년에게 꼭 필요한

구구단

수학 익힘책

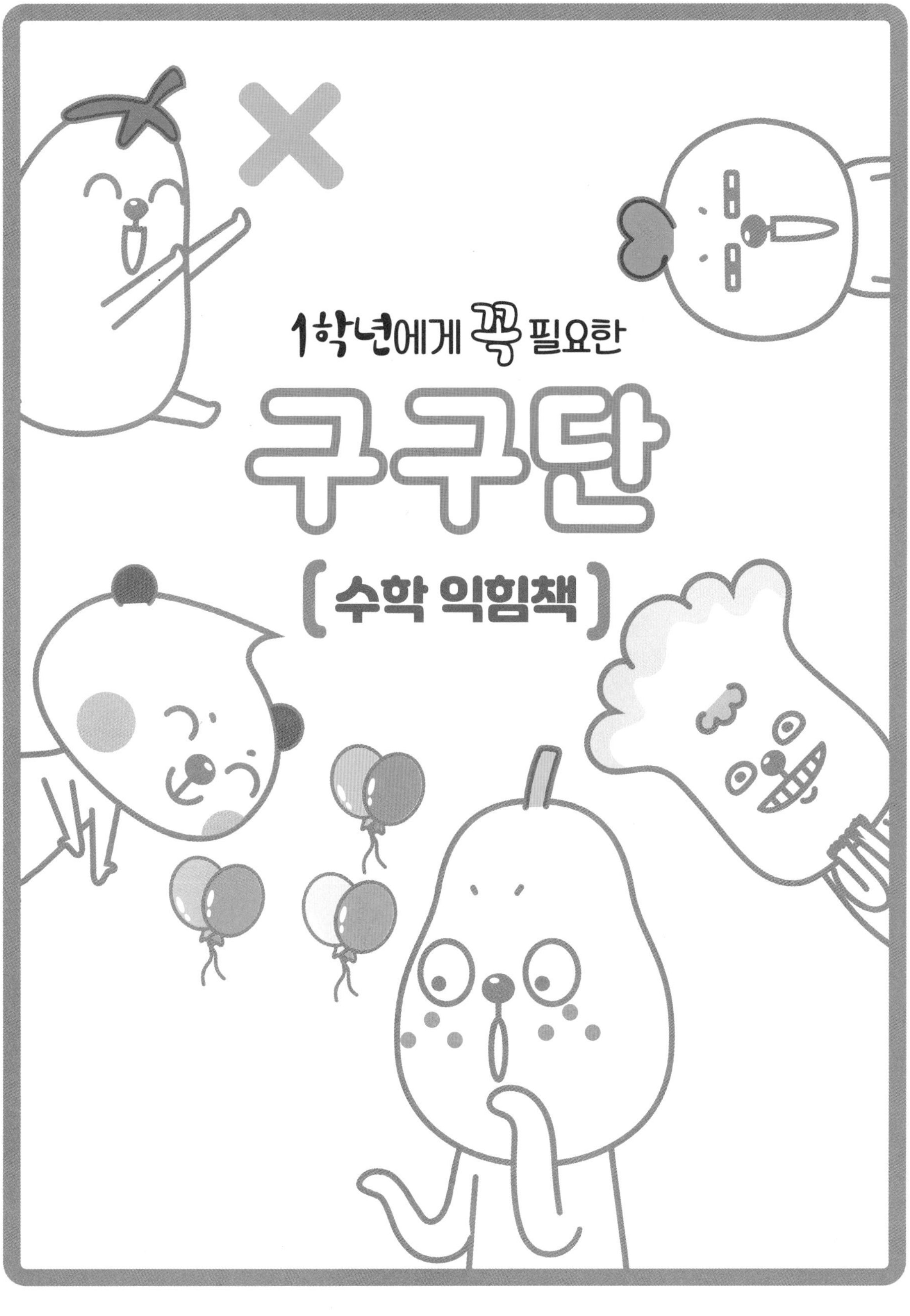

구성과 특징

● 1학년에게 꼭 필요한 수학 익힘책

수학 교육 트랜드에 맞게 수학 교육과정을 영역별
중요 단원을 모아 계통 학습이 가능한
혼공 시대에 꼭 필요한 수학 테마 학습법입니다.

주제별 4쪽 기초 학력 강화 학습!

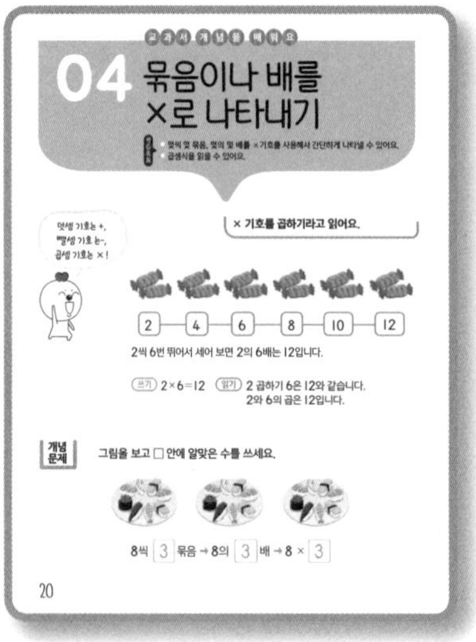
04 묶음이나 배를
×로 나타내기
× 기호를 곱하기라고 읽어요.
2씩 6번 뛰어서 세어 보면 2의 6배는 12입니다.
그림을 보고 □ 안에 알맞은 수를 쓰세요.
20

1

개념을 배워요

키워드 개념 학습으로 그림과
구조화된 개념 설명을
캐릭터를 이용하여 재미있게
이해하는 습관을 길러요!

2

문제로 개념을 확인해요

다양한 활동 학습으로
정확하고 빠르게 푸는 습관을 길러요!

식을 바르게 읽은 것을 찾아 선으로 이으세요.
대화를 읽고 언니의 나이에 ○표 하세요.
22
23

쓰기
선 잇기
표시 하기
그리기
색칠 하기
연결 하기
계산 하기

단원별 기초 문장제, 마무리 정리 학습!

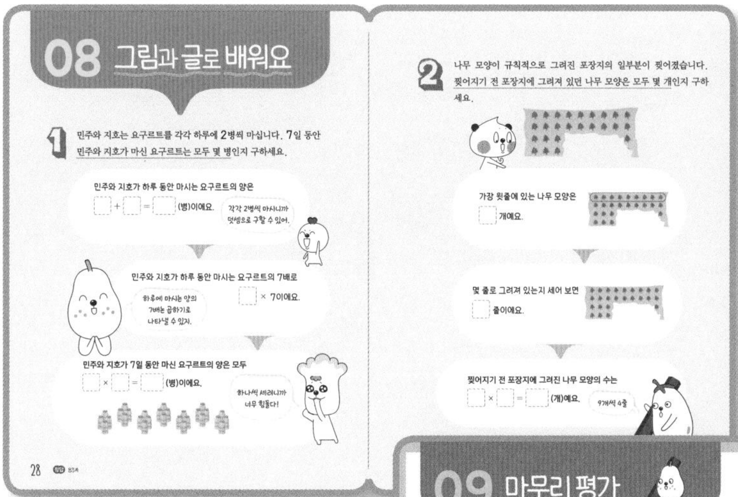

08 그림과 글로 배워요

3

그림과 글로 배워요

그림을 이용한 문장제로 사고를 통해 해결하는 습관을 길러요!

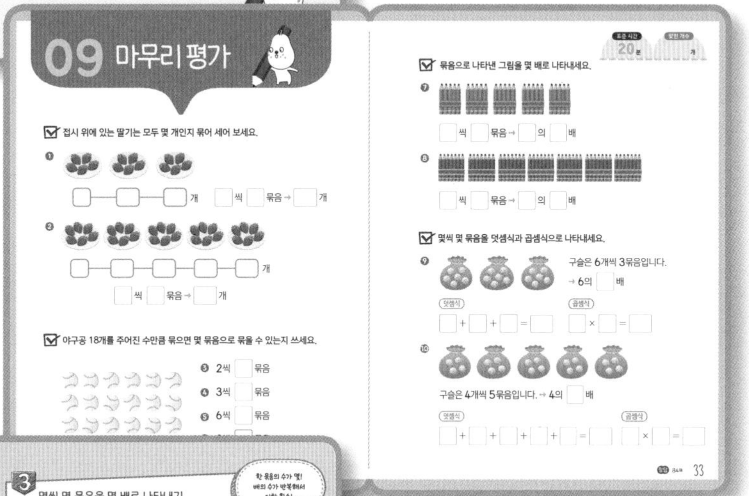

09 마무리 평가

4

마무리 평가

자신의 학업 성취도를 평가해요!

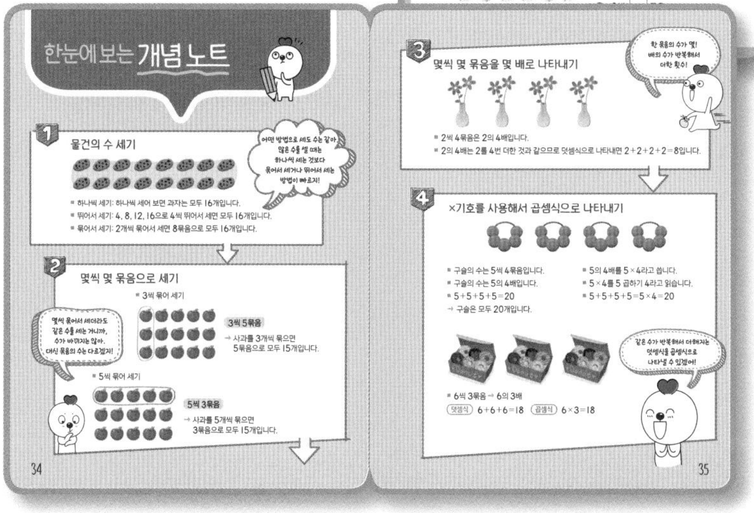

한눈에 보는 개념 노트

5

한눈에 보는 개념 노트

계통별로 핵심 개념을 정리해요!

차례

1학년에게 꼭 필요한
구구단

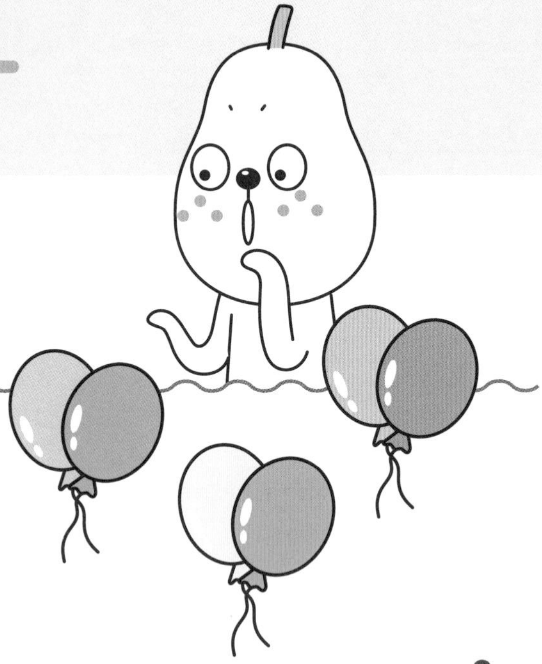

1. 곱셈의 기초

01	물건의 수 세기	8
02	몇씩 묶기	12
03	몇 배로 나타내기	16
04	묶음이나 배를 ×로 나타내기	20
05	곱셈식으로 나타내기	24
06	그림과 글로 배워요	28
07	마무리 평가 – 한눈에 보는 개념 노트	32

구분	단원명	내용
2학년 1학기	곱셈	• 여러 가지 방법으로 물건의 수를 세어 보고, 묶어 세기의 편리함을 알 수 있습니다. • '몇씩 몇 묶음'을 '몇의 몇 배'로 나타냄으로써 배의 개념을 알 수 있습니다. • '몇의 몇 배'를 곱셈식으로 나타낼 수 있습니다.

2. 곱셈구구

01	2단 곱셈구구	38
02	5단 곱셈구구	42
03	3단 곱셈구구	46
04	6단 곱셈구구	50
05	4단 곱셈구구	54
06	8단 곱셈구구	58
07	7단 곱셈구구	62
08	9단 곱셈구구	66
09	그림과 글로 배워요	70
10	마무리 평가 – 한눈에 보는 개념 노트	74
	정답	81

구분	단원명	내용
2학년 2학기	곱셈구구	• 곱셈구구의 구성 원리를 이해하고 곱셈구구의 편리함을 알 수 있습니다. • 2단부터 9단까지 곱셈구구의 구성 원리를 이해할 수 있습니다.

1. 곱셈의 기초

01. 물건의 수 세기
02. 몇씩 묶기
03. 몇 배로 나타내기
04. 묶음이나 배를 ×로 나타내기
05. 곱셈식으로 나타내기
06. 그림과 글로 배워요
07. 마무리 평가
한눈에 보는 개념 노트

지도 가이드

곱셈 2학년 1학기

1. 여러 가지 방법으로 물건의 수를 세어 보고, 묶어 세기의 편리함을 알 수 있게 합니다.
2. 물건의 수를 '몇씩 몇 묶음'으로 묶어 세고, '몇씩 몇 묶음'을 '몇의 몇 배'로 나타냅니다.
3. '몇의 몇 배'를 곱셈식으로 나타냅니다.

학습 계획표

번호	쪽수	공부한 날	성취도
01	8~11쪽	월　　일	☺ 😐 ☹
02	12~15쪽	월　　일	☺ 😐 ☹
03	16~19쪽	월　　일	☺ 😐 ☹
04	20~23쪽	월　　일	☺ 😐 ☹
05	24~27쪽	월　　일	☺ 😐 ☹
06	28~31쪽	월　　일	☺ 😐 ☹
07	32~33쪽	월　　일	☺ 😐 ☹

교과서 개념을 배워요

01 물건의 수 세기

학습목표
- 물건의 수를 하나씩 세기, 뛰어서 세기, 묶어서 세기로 셀 수 있어요.

어느 방법으로 세도
수가 바뀌지는 않아.

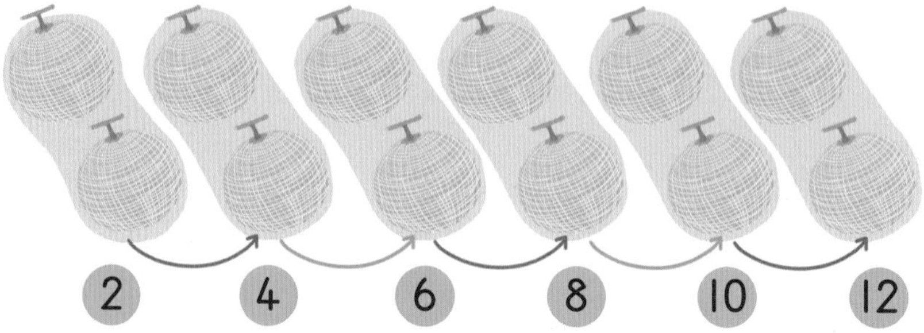
2
4
6
8
10
12

하나씩 세기	하나씩 짚어가며 세어 보면 멜론은 모두 12개입니다.
뛰어서 세기	2, 4, 6, 8, 10, 12로 2씩 뛰어서 세면 모두 12개입니다.
묶어서 세기	2개씩 묶어서 세면 6묶음으로 모두 12개입니다.

개념 문제 사과가 모두 몇 개인지 하나씩 색칠하며 세어 보세요.

8 개

10 개

문제로 개념을 확인해요

표시하기

그림을 주어진 수만큼 뛰어서 세어 보세요.

3개마다 표시를 해 보고
뛰어 센 수를 써 보자.

3씩

□—□—□—□—□ 개

5씩

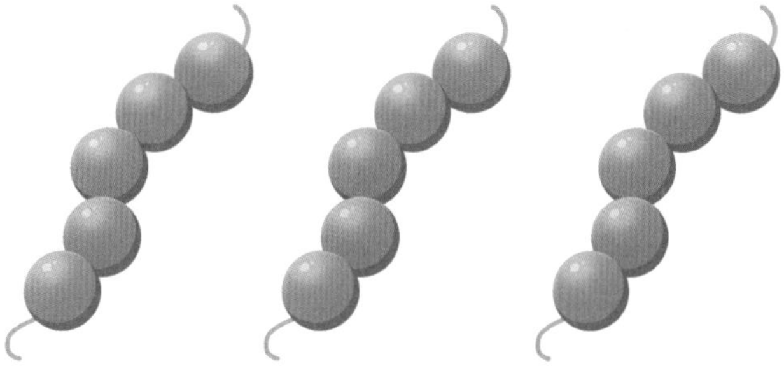

□—□—□ 개

6씩

□—□—□—□ 개

문제로 개념을 확인해요

쓰기

구슬이 묶여 있는 것을 보고 몇씩 몇 묶음으로 세었는지 쓰세요.

먼저
구슬이 한 묶음에
몇 개씩인지
세어 볼까?

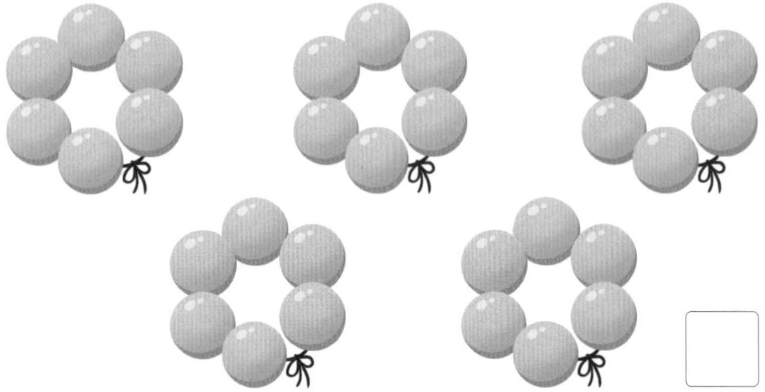

□ 씩 □ 묶음 → □ 개

□ 씩 □ 묶음 → □ 개

□ 씩 □ 묶음 → □ 개

문제로 개념을 확인해요

그리기

상자 안에 주어진 수와 같은 수의 ○를 ▢ 안에 그려 넣고, 모두 몇 개인지 세어 보세요.

▢개

▢개

▢개

정답 82쪽

교과서 개념을 배워요

02 몇씩 묶기

학습목표
- 물건의 수를 셀 때 같은 수로 묶어서 몇 묶음인지로 나타낼 수 있어요.

같은 수라도
몇씩 묶느냐에 따라
묶음의 수가 달라져!

우유

2	2	2	2	2	2	2	2	2	2씩 9묶음
3	3	3	3	3	3				3씩 6묶음
6	6	6							6씩 3묶음
9	9								9씩 2묶음

개념 문제

한 묶음의 그림을 색칠하고 모두 몇 개인지 세어 보세요.

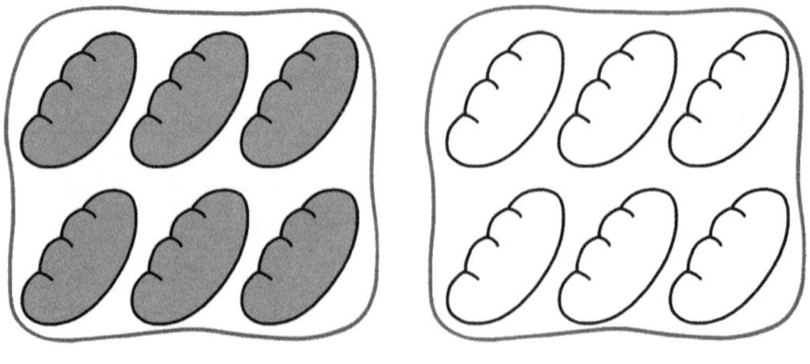

6 씩 2 묶음 → 12 개

문 제 로 개 념 을 확 인 해 요

표시하기

몇 개인지 주어진 수만큼 묶어 세어 보세요.

2씩

[ ]—[ ]—[ ]—[ ]—[ ]—[ ]

2씩 [ ] 묶음 → [ ] 개

3씩

몇 묶음인지
묶어 보자.

[ ] 씩 [ ] 묶음 → [ ] 개

5씩

[ ] 씩 [ ] 묶음 → [ ] 개

정답 82쪽

문제로 개념을 확인해요

그리기

사탕 24개를 주어진 수만큼씩 묶어서 몇 묶음으로
묶을 수 있는지 쓰세요.

사탕은 모두 24개지만
묶는 수에 따라
묶음의 수는 달라!

3씩

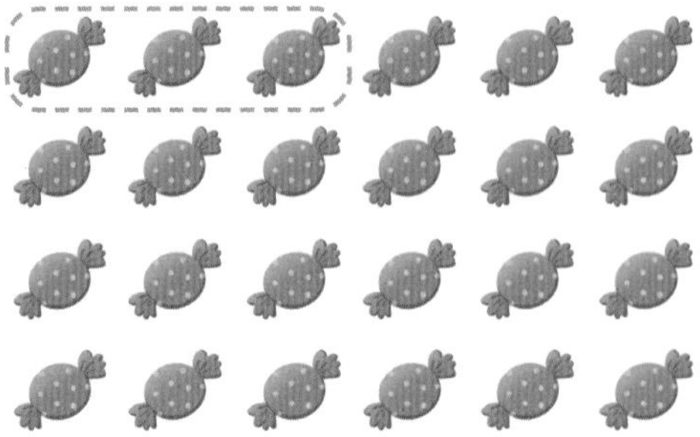

3씩 ☐ 묶음

4씩

4씩 ☐ 묶음

6씩

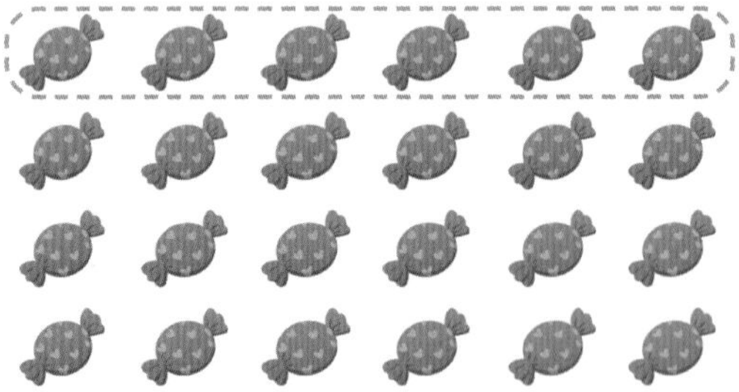

6씩 ☐ 묶음

8씩

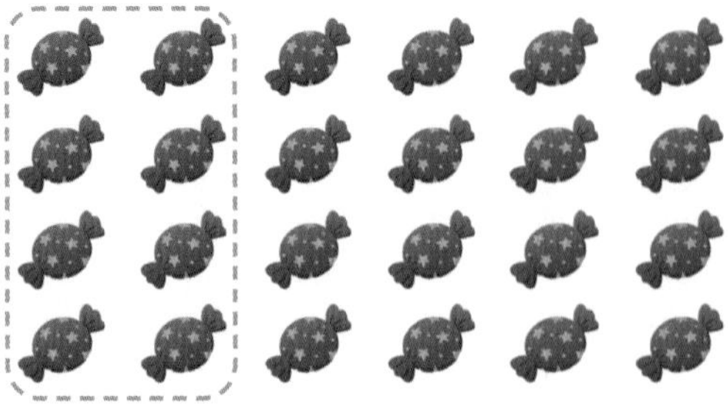

8씩 ☐ 묶음

정답 82쪽

문제로 개념을 확인해요

그리기

공 16개를 몇씩 몇 묶음으로 묶어서 나타내세요.

16개를 똑같은 수로
묶는 방법은
한 가지가 아니야!

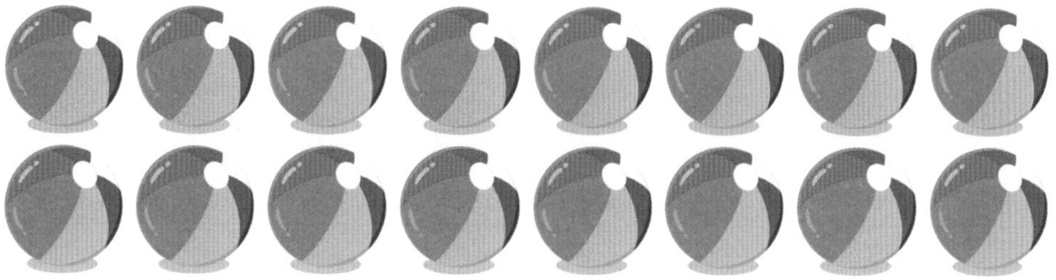

☐ 씩 ☐ 묶음

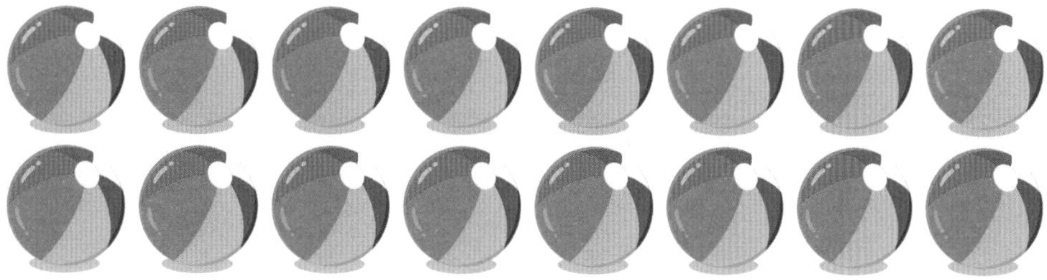

☐ 씩 ☐ 묶음

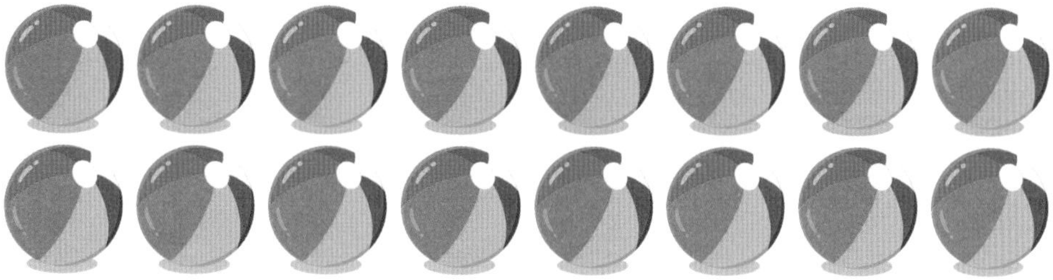

☐ 씩 ☐ 묶음

정답 82쪽

교과서 개념을 배워요

03 몇 배로 나타내기

학습목표 ● 몇씩 몇 묶음으로 나타낸 물건의 수를 몇의 몇 배로 나타낼 수 있어요.

2씩 4묶음은 2의 4배라고 해요.

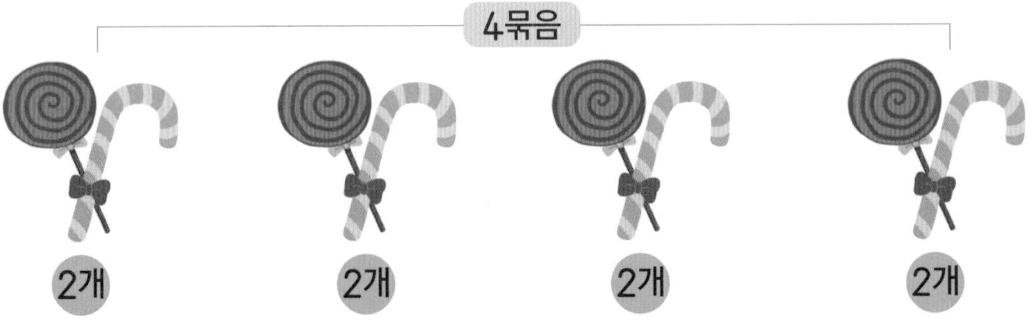

2 + 2 + 2 + 2 = 8

4번

한 묶음의 수

몇의 몇 배는 몇을 몇 배 한 수만큼 반복해서 더합니다.

개념 문제 묶음으로 나타낸 그림을 몇 배로 바꿔 쓰세요.

3 씩 3 묶음 → 3 의 3 배

3 씩 4 묶음 → 3 의 4 배

문 제 로 개 념 을 확 인 해 요

색칠하기

한 송이 꽃의 꽃잎을 색칠해 보고 전체 꽃의 꽃잎은 한 송이의 몇 배인지 쓰세요.

꽃송이의 수가
몇 배가 되는구나!

→ □의 □배

→ □의 □배

→ □의 □배

→ □의 □배

문제로 개념을 확인해요

선 잇기

그림을 보고 몇 배로 바르게 나타낸 것을 찾아 선으로 이으세요.

8의 5배를 8+5로 생각하면 안 돼!

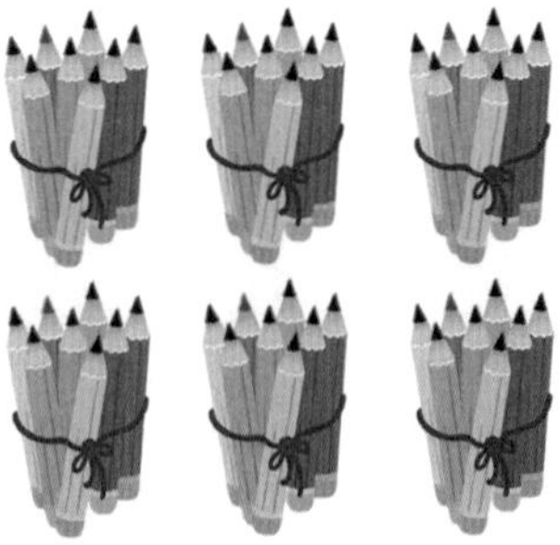

8의 5배
→ 8+8+8+8+8

8의 3배
→ 8+8+8

8의 2배
→ 8+8

8의 6배
→ 8+8+8+8+8+8

정답 82쪽

문제로 개념을 확인해요

표시하기

감의 수는 사과의 수의 몇 배인지 알맞은 것에 ○표 하세요.

감과 사과의 수를 세고
사과의 수를 몇 번 더해야
감의 수가 나오는지 생각해 봐.

→ 감의 수는 사과의 수의 (2배 , 3배)입니다.

→ 감의 수는 사과의 수의 (2배 , 3배)입니다.

→ 감의 수는 사과의 수의 (3배 , 4배)입니다.

→ 감의 수는 사과의 수의 (2배 , 3배)입니다.

04 묶음이나 배를 ×로 나타내기

학습목표
- 몇씩 몇 묶음, 몇의 몇 배를 ×기호를 사용해서 간단하게 나타낼 수 있어요.
- 곱셈식을 읽을 수 있어요.

덧셈 기호는 +,
뺄셈 기호 는-,
곱셈 기호는 ×!

× 기호를 곱하기라고 읽어요.

2 — 4 — 6 — 8 — 10 — 12

2씩 6번 뛰어서 세어 보면 2의 6배는 12입니다.

쓰기 $2 \times 6 = 12$ 읽기 2 곱하기 6은 12와 같습니다.
2와 6의 곱은 12입니다.

개념문제 그림을 보고 □ 안에 알맞은 수를 쓰세요.

8씩 3 묶음 → 8의 3 배 → 8 × 3

문제로 개념을 확인해요

쓰기

그림을 보고 □ 안에 알맞은 수를 쓰세요.

한 묶음에
몇 개씩인지 보고,
묶음이 몇 개인지 봐.

3씩 □ 묶음 → 3의 □ 배 → 3 × □

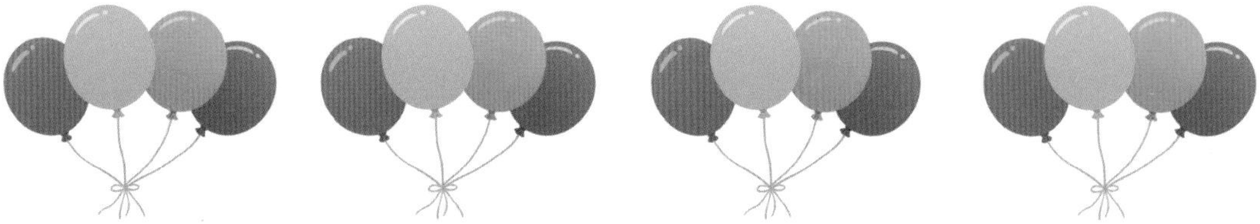

4씩 □ 묶음 → 4의 □ 배 → 4 × □

6씩 □ 묶음 → 6의 □ 배 → 6 × □

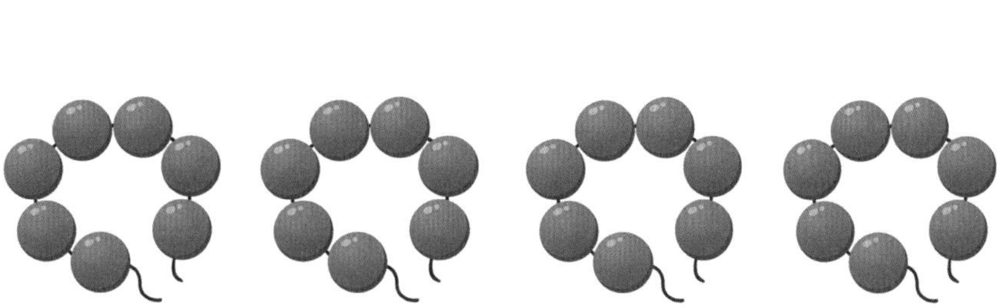

7씩 □ 묶음 → 7의 □ 배 → 7 × □

정답 83쪽

문제로 개념을 확인해요

선 잇기

식을 바르게 읽은 것을 찾아 선으로 이으세요.

2×5=10
5×3=15
7×3=21
4×6=24
5곱하기 3은 15와 같습니다.
2곱하기 5는 10과 같습니다.
4곱하기 6은 24와 같습니다.
7곱하기 3은 21과 같습니다.

정답 83쪽

문제로 개념을 확인해요

표시하기

대화를 읽고 언니의 나이에 ○표 하세요.

나는 5살!
언니의 나이는
내 나이의 2배지!

2배는 똑같은 수를
2번 더하는 거야.

언니의 나이는
(7살 , 10살)이에요.

나는 6살!
언니의 나이는
내 나이의 3배지!

언니의 나이는
(18살 , 9살)이에요.

나는 3살!
언니의 나이는
내 나이의 4배지!

언니의 나이는
(7살 , 12살)이에요.

교 과 서 개 념 을 배 워 요

05 곱셈식으로 나타내기

학습목표
- 같은 수를 여러 번 더하는 상황을 몇의 몇 배로 이해하고 곱셈식으로 나타낼 수 있어요.

곱셈식을 이용하면 길게 쓰지 않아도 식을 간단하게 나타낼 수 있어.

색연필은 6자루씩 5묶음입니다.
6의 5배입니다.

(덧셈식) 6+6+6+6+6=30
(곱셈식) 6×5=30

개념 문제 그림을 보고 구슬의 수를 곱셈식으로 쓰세요.

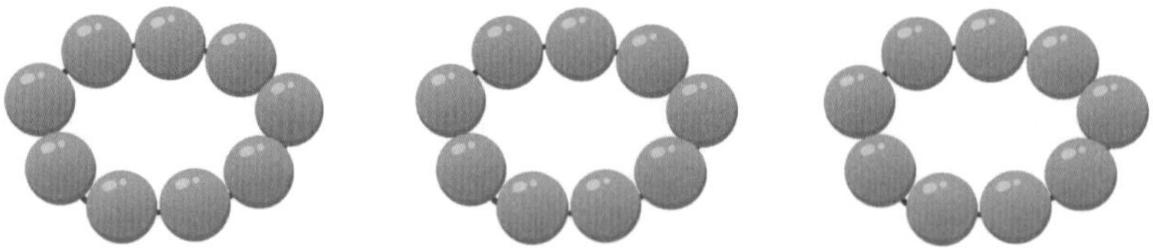

구슬은 9개씩 3묶음입니다. → 9의 [3] 배

(덧셈식) [9] + [9] + [9] = [27]

(곱셈식) [9] × [3] = [27]

문 제 로 개 념 을 확 인 해 요

쓰기

그림을 보고 구슬의 수를 곱셈식으로 쓰세요.

구슬은 5개씩 6묶음입니다. → 5의 □ 배

덧셈식

□ + □ + □ + □ + □ + □ = □

곱셈식

□ × □ = □

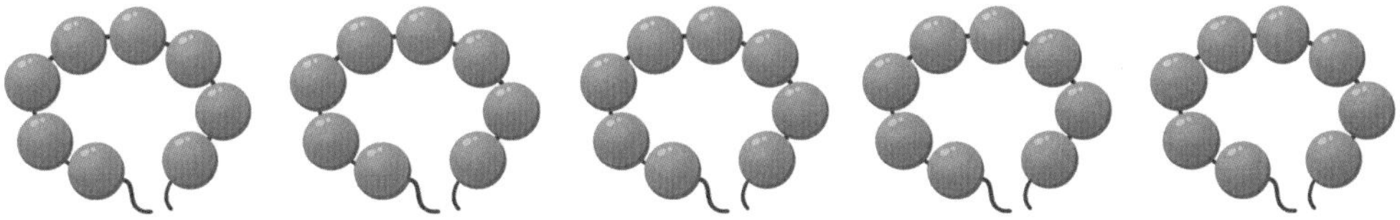

구슬은 8개씩 5묶음입니다. → 8의 □ 배

덧셈식

□ + □ + □ + □ + □ = □

곱셈식

□ × □ = □

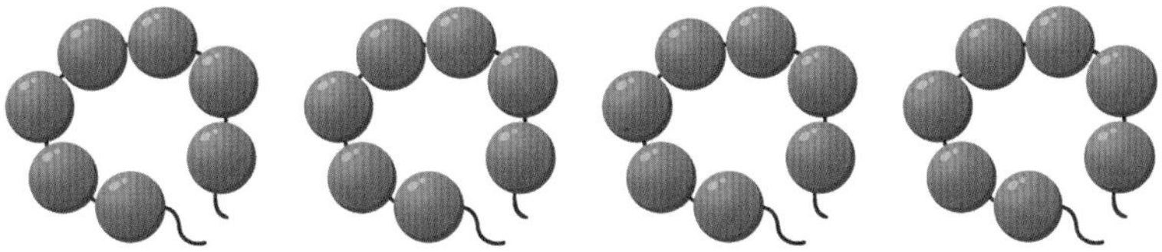

구슬은 7개씩 4묶음입니다.

→ 7의 □ 배

덧셈식

□ + □ + □ + □ = □

곱셈식

□ × □ = □

문제로 개념을 확인해요

선 잇기

서로 같은 것을 찾아 선으로 이으세요.

4의 7배는 28입니다. •	• $4 \times 7 = 28$
6의 2배는 12입니다. •	• $3 \times 8 = 24$
5의 7배는 35입니다. •	• $9 \times 4 = 36$
9의 4배는 36입니다. •	• $5 \times 7 = 35$
3의 8배는 24입니다. •	• $6 \times 2 = 12$

 정답 83쪽

문제로 개념을 확인해요

표시하기

우유의 수는 빵의 수의 몇 배인지 나타낸 것을 읽고,
바르게 나타낸 식을 찾아 ○표 하세요.

빵의 수만큼을 한 묶음으로
생각해서 우유를 묶어 봐!

우유의 수는 빵의 수의 3배입니다.

(2×3=6 , 3×3=9)

우유의 수는 빵의 수의 3배입니다.

(3×3=9 , 3+3=6)

우유의 수는 빵의 수의 2배입니다.

(4+2=6 , 4×2=8)

우유의 수는 빵의 수의 5배입니다.

(2×5=10 , 2+5=7)

06 그림과 글로 배워요

1 민주와 지호는 요구르트를 각각 하루에 2병씩 마십니다. 7일 동안 민주와 지호가 마신 요구르트는 모두 몇 병인지 구하세요.

민주와 지호가 하루 동안 마시는 요구르트의 양은

□ + □ = □ (병)이에요.

각각 2병씩 마시니까
덧셈으로 구할 수 있어.

민주와 지호가 하루 동안 마시는 요구르트의 7배로

□ × 7이에요.

하루에 마시는 양의
7배는 곱하기로
나타낼 수 있지.

민주와 지호가 7일 동안 마신 요구르트의 양은 모두

□ × □ = □ (병)이에요.

하나씩 세려니까
너무 힘들다!

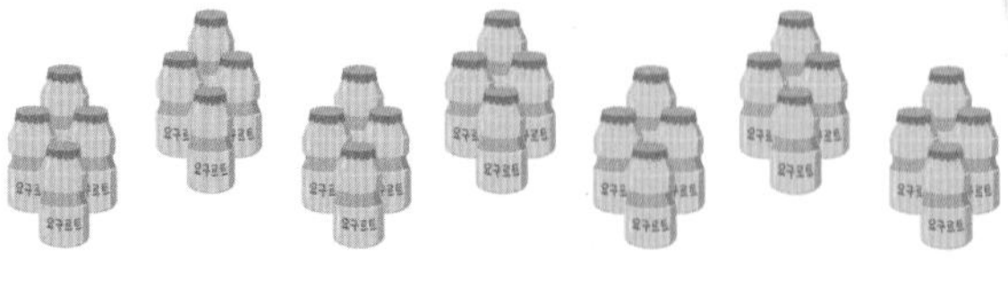

정답 83쪽

2

나무 모양이 규칙적으로 그려진 포장지의 일부분이 찢어졌습니다. 찢어지기 전 포장지에 그려져 있던 나무 모양은 모두 몇 개인지 구하세요.

가장 윗줄에 있는 나무 모양은

□ 개예요.

몇 줄로 그려져 있는지 세어 보면

□ 줄이에요.

찢어지기 전 포장지에 그려진 나무 모양의 수는

□ × □ = □ (개)예요.

3

아래 양파의 6배만큼을 사용해서 요리를 하려고 합니다. 필요한 양파는 모두 몇 개인지 구하세요.

조건 ① 주어진 양파 수 : ☐ 개

② 요리에 사용한 양파 수 : ☐ 의 6배

풀이 요리에 사용한 양파 수 : 그림의 양파 수의 6배 → ☐ × 6 = ☐

답 **요리에 사용한 양파는 모두 ______ 개입니다.**

4

구멍이 2개인 단추가 4개, 구멍이 4개인 단추가 8개 있습니다. 단춧 구멍은 모두 몇 개인지 구하세요.

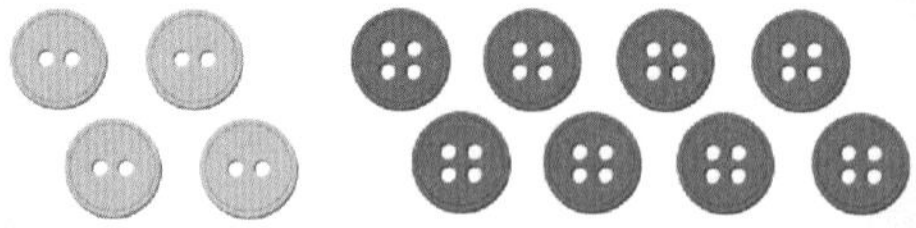

조건 ① 구멍이 2개인 단추의 구멍 수 : ☐ 개씩 4개 → ☐ 의 4배

② 구멍이 4개인 단추의 구멍 수 : ☐ 개씩 8개 → ☐ 의 8배

풀이 구멍 2개의 단춧구멍 수 : ☐ × 4 = ☐

구멍 4개의 단춧구멍 수 : ☐ × 8 = ☐

답 **단춧구멍은 모두 ______ 개입니다.**

5

우유가 한 상자에 3개씩 3줄로 들어 있습니다.
6상자에 들어 있는 우유는 모두 몇 개인지 구하세요.

조건 ① 한 상자에 들어 있는 우유 수 : □ 개씩 3줄 ➜ □ 의 3배

② 6상자에 들어 있는 우유 수 : (한 상자에 들어 있는 우유 수)의 □ 배

풀이 한 상자에 들어 있는 우유 수 : □ × 3 = □

6상자에 들어 있는 우유 수: □ × 6 = □

답 **6상자에 들어 있는 우유는 모두 ______ 개입니다.**

6

가장 작은 수를 말한 사람을 찾아 이름을 쓰세요.

조건 하준: 3과 6의 곱 ➜ □ × □

미주: 8씩 3묶음 ➜ 8의 3배 ➜ 8 × □

차영: 4 곱하기 7 ➜ 4 × □

풀이 하준: □ , 미주: □ , 차영: □

답 **가장 작은 수를 말한 사람은 ______ 입니다.**

07 마무리 평가

☑ 접시 위에 있는 딸기는 모두 몇 개인지 묶어 세어 보세요.

❶

□ — □ — □ 개 □ 씩 □ 묶음 → □ 개

❷

□ — □ — □ — □ — □ 개

□ 씩 □ 묶음 → □ 개

☑ 야구공 18개를 주어진 수만큼 묶으면 몇 묶음으로 묶을 수 있는지 쓰세요.

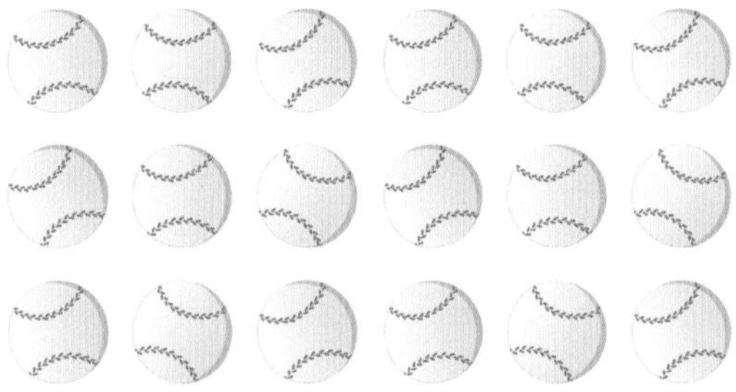

❸ 2씩 □ 묶음

❹ 3씩 □ 묶음

❺ 6씩 □ 묶음

❻ 9씩 □ 묶음

정답 84쪽

묶음으로 나타낸 그림을 몇 배로 나타내세요.

7

□ 씩 □ 묶음 → □ 의 □ 배

8

□ 씩 □ 묶음 → □ 의 □ 배

몇씩 몇 묶음을 덧셈식과 곱셈식으로 나타내세요.

9

구슬은 6개씩 3묶음입니다.

→ 6의 □ 배

덧셈식

□ + □ + □ = □

곱셈식

□ × □ = □

10

구슬은 4개씩 5묶음입니다. → 4의 □ 배

덧셈식

□ + □ + □ + □ + □ = □

곱셈식

□ × □ = □

한눈에 보는 개념 노트

1 물건의 수 세기

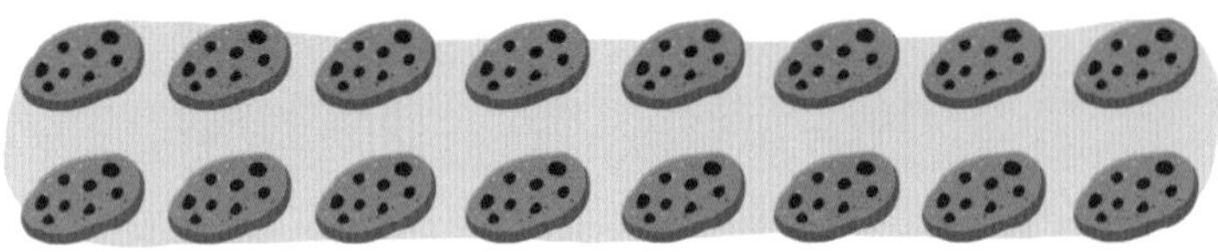

- 하나씩 세기: 하나씩 세어 보면 과자는 모두 16개입니다.
- 뛰어서 세기: 4, 8, 12, 16으로 4씩 뛰어서 세면 모두 16개입니다.
- 묶어서 세기: 2개씩 묶어서 세면 8묶음으로 모두 16개입니다.

어떤 방법으로 세도 수는 같아. 많은 수를 셀 때는 하나씩 세는 것보다 묶어서 세거나 뛰어서 세는 방법이 빠르지!

2 몇씩 몇 묶음으로 세기

- 3씩 묶어 세기

3씩 5묶음

→ 사과를 3개씩 묶으면 5묶음으로 모두 15개입니다.

몇씩 묶어서 세더라도 같은 수를 세는 거니까, 수가 바뀌지는 않아. 대신 묶음의 수는 다르겠지!

- 5씩 묶어 세기

5씩 3묶음

→ 사과를 5개씩 묶으면 3묶음으로 모두 15개입니다.

3 몇씩 몇 묶음을 몇 배로 나타내기

한 묶음의 수가 몇!
배의 수가 반복해서
더한 횟수!

- 2씩 4묶음은 2의 4배입니다.
- 2의 4배는 2를 4번 더한 것과 같으므로 덧셈식으로 나타내면 $2+2+2+2=8$입니다.

4 ×기호를 사용해서 곱셈식으로 나타내기

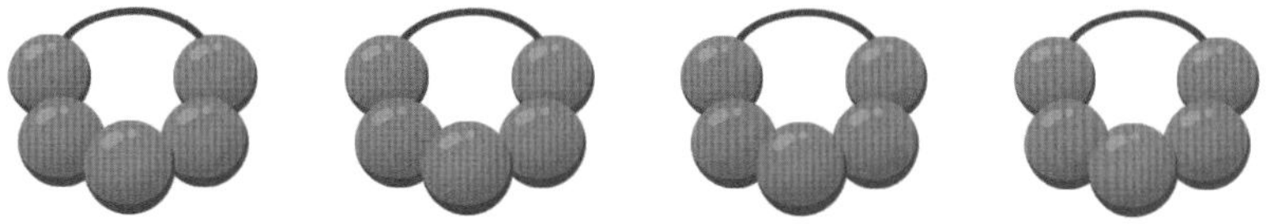

- 구슬의 수는 5씩 4묶음입니다.
- 구슬의 수는 5의 4배입니다.
- $5+5+5+5=20$

→ 구슬은 모두 20개입니다.

- 5의 4배를 5×4라고 씁니다.
- 5×4를 5 곱하기 4라고 읽습니다.
- $5+5+5+5=5\times4=20$

같은 수가 반복해서 더해지는
덧셈식을 곱셈식으로
나타낼 수 있겠어!

- 6씩 3묶음 → 6의 3배

(덧셈식) $6+6+6=18$ (곱셈식) $6\times3=18$

2. 곱셈구구

01. 2단 곱셈구구
02. 5단 곱셈구구
03. 3단 곱셈구구
04. 6단 곱셈구구
05. 4단 곱셈구구
06. 8단 곱셈구구
07. 7단 곱셈구구
08. 9단 곱셈구구
09. 그림과 글로 배워요
10. 마무리 평가
한눈에 보는 개념 노트

지도 가이드

곱셈구구 2학년 2학기

1. 2단부터 9단까지의 곱셈구구 원리를 묶음의 수, 같은 수를 여러 번 더하는 것, 뛰어 세기로 이해하고, 덧셈식을 곱셈식으로 나타냅니다.
2. 실생활 문제를 해결하는 데 곱셈구구를 사용할 수 있도록 합니다.

학습 계획표

번호	쪽수	공부한 날	성취도
01	38~41쪽	월 일	☺ 😐 ☹
02	42~45쪽	월 일	☺ 😐 ☹
03	46~49쪽	월 일	☺ 😐 ☹
04	50~53쪽	월 일	☺ 😐 ☹
05	54~57쪽	월 일	☺ 😐 ☹
06	58~61쪽	월 일	☺ 😐 ☹
07	62~65쪽	월 일	☺ 😐 ☹
08	66~69쪽	월 일	☺ 😐 ☹
09	70~73쪽	월 일	☺ 😐 ☹
10	74~77쪽	월 일	☺ 😐 ☹

교과서 개념을 배워요

01 2단 곱셈구구

학습목표
- 같은 수의 덧셈을 중심으로 활동을 하여 2씩 묶음이 1개씩 늘어날 때마다 2씩 커지는 것을 알 수 있어요.

봉지 수가 1개씩 늘어날수록
도넛은 2개씩 늘어나네!

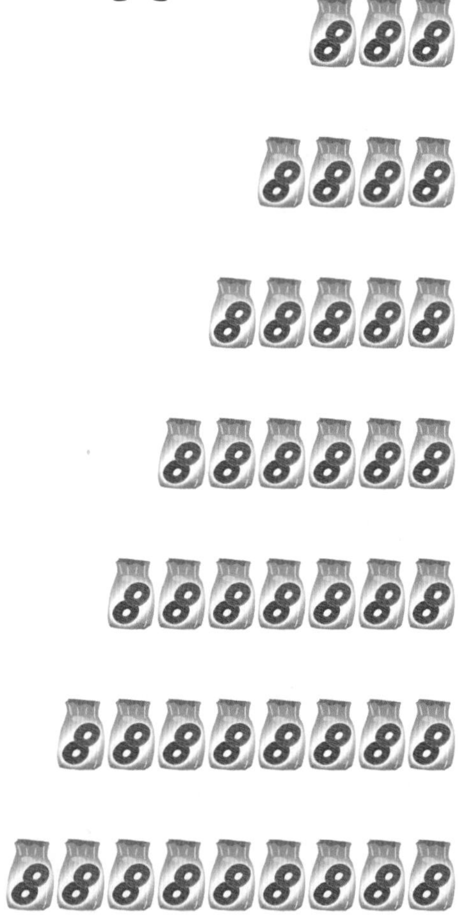

2	2×1=2
2+2=4	2×2=4
2+2+2=6	2×3=6
2+2+2+2=8	2×4=8
2+2+2+2+2=10	2×5=10
2+2+2+2+2+2=12	2×6=12
2+2+2+2+2+2+2=14	2×7=14
2+2+2+2+2+2+2+2=16	2×8=16
2+2+2+2+2+2+2+2+2=18	2×9=18

문제로 개념을 확인해요

쓰기

0부터 시작해서 2씩 뛰어 세고, □ 안에 알맞은 수를 쓰세요.

2씩 뛰어 센 수만큼
덧셈식으로 나타내!

2씩 4번

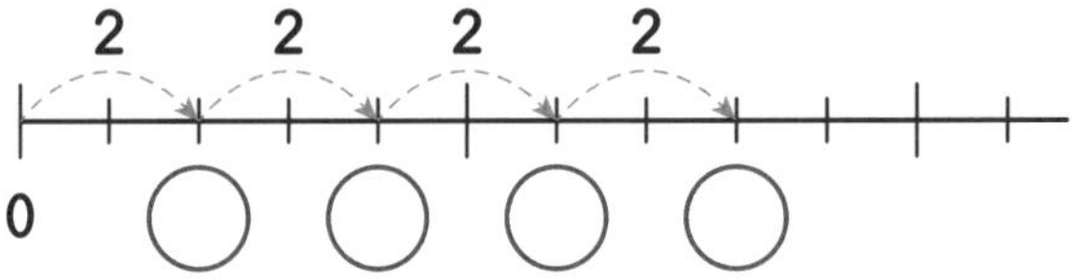

2+2+2+2 = □

2씩 6번

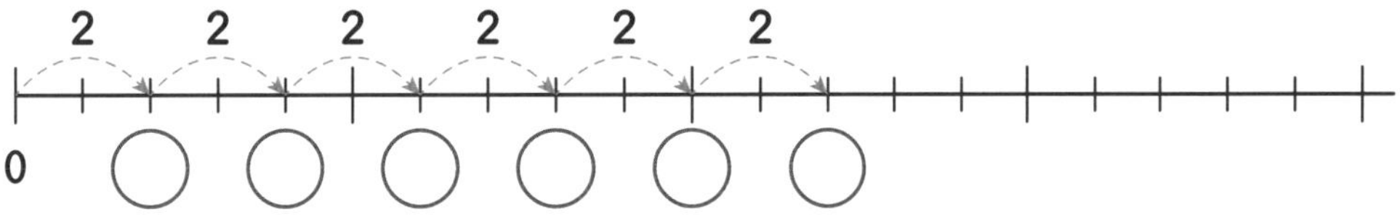

2+2+2+2+2+2 = □

2씩 9번

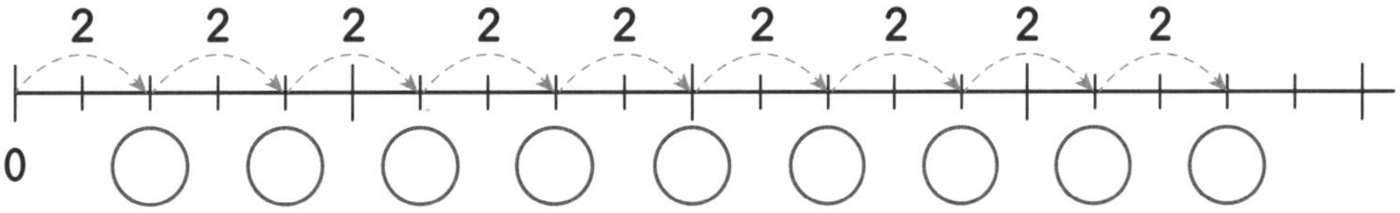

2+2+2+2+2+2+2+2+2 = □

2씩 8번

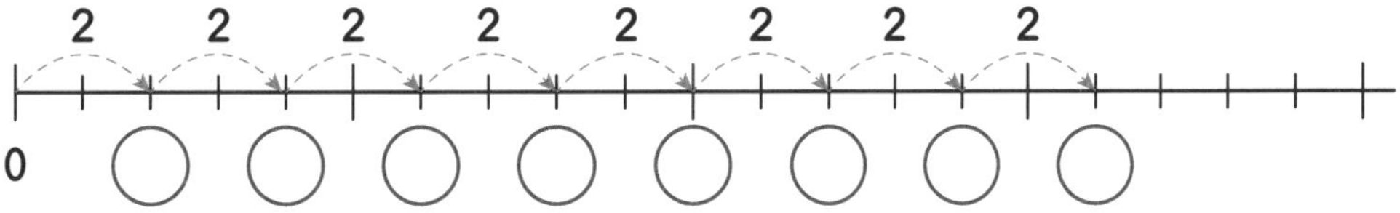

2+2+2+2+2+2+2+2 = □

문제로 개념을 확인해요

쓰기

□ 안에 알맞은 수를 쓰세요.

한 봉지에 2개씩
담겨 있는
도넛의 수를 생각해 봐.

$2 \times 1 = \square$

$2 \times 7 = \square$

$2 \times 3 = \square$

$2 \times 5 = \square$

$2 \times 4 = \square$

$2 \times 6 = \square$

$2 \times 2 = \square$

$2 \times 8 = \square$

$2 \times 9 = \square$

$2 \times \square = 10$

$2 \times \square = 6$

$2 \times \square = 8$

$2 \times \square = 2$

$2 \times \square = 4$

$2 \times \square = 12$

$2 \times \square = 16$

$2 \times \square = 18$

$2 \times \square = 14$

정답 84쪽

문제로 개념을 확인해요

선 잇기

같은 것을 나타내는 곱셈식과 덧셈식을 찾아 선으로 이으세요.

$2+2+2+2+2+2+2+2+2$

$2+2+2+2+2+2$

$2+2+2+2+2$

2×9

2×7

2×3

2×5

$2+2+2$

$2+2+2+2$

2×4

$2+2+2+2+2+2+2$

2×6

교과서 개념을 배워요

02 5단 곱셈구구

학습목표
- 같은 수의 덧셈을 중심으로 활동을 하여 5씩 묶음이 1개씩 늘어날 때마다 5씩 커지는지 것을 알 수 있어요.

봉지 수가 1개씩 늘어날수록
사탕은 5개씩 늘어나네!

 5 　 $5\times1=5$

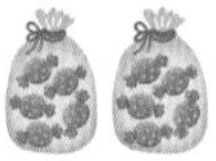 $5+5=10$ 　 $5\times2=10$

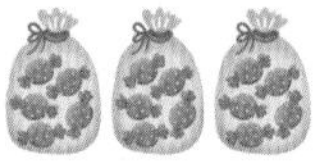 $5+5+5=15$ 　 $5\times3=15$

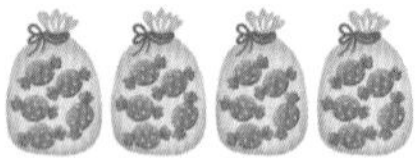 $5+5+5+5=20$ 　 $5\times4=20$

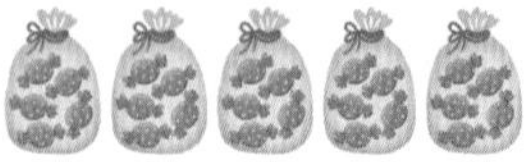 $5+5+5+5+5=25$ 　 $5\times5=25$

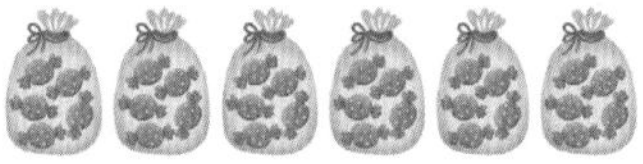 $5+5+5+5+5+5=30$ 　 $5\times6=30$

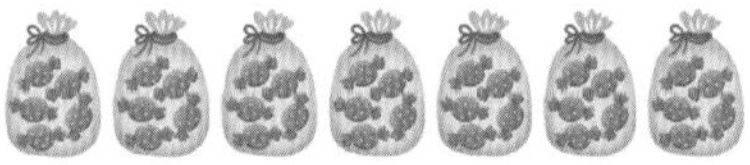 $5+5+5+5+5+5+5=35$ 　 $5\times7=35$

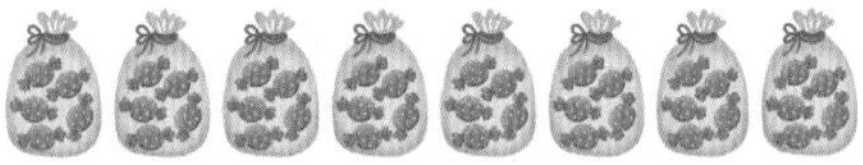 $5+5+5+5+5+5+5+5=40$ 　 $5\times8=40$

 $5+5+5+5+5+5+5+5+5=45$ 　 $5\times9=45$

문제로 개념을 확인해요

쓰기

0부터 시작해서 5씩 뛰어 센 수에 모두 ○표 하고,
□ 안에 알맞은 수를 쓰세요.

0	1	2	3	4	5	6	7	8	9
10	11	12	13	14	15	16	17	18	19
20	21	22	23	24	25	26	27	28	29
30	31	32	33	34	35	36	37	38	39
40	41	42	43	44	45	46	47	48	49

5씩 3번 $5+5+5=$ □

5씩 4번 $5+5+5+5=$ □

5씩 7번 $5+5+5+5+5+5+5=$ □

5씩 9번 $5+5+5+5+5+5+5+5+5=$ □

5씩 5번 $5+5+5+5+5=$ □

5씩 8번 $5+5+5+5+5+5+5+5=$ □

5씩 6번 $5+5+5+5+5+5=$ □

수직선에서 뛰어 세는 것처럼
수 배열표에서도
뛰어서 세어 봐!

정답 84쪽

문제로 개념을 확인해요

쓰기

□ 안에 알맞은 수를 쓰세요.

한 봉지에 5개씩
담겨 있는
사탕의 수를 생각해 봐.

$5 \times 1 = \square$ $5 \times 7 = \square$

$5 \times 3 = \square$ $5 \times 5 = \square$

$5 \times 4 = \square$ $5 \times 6 = \square$

$5 \times 2 = \square$ $5 \times 8 = \square$

$5 \times 9 = \square$ $5 \times \square = 25$

$5 \times \square = 15$ $5 \times \square = 20$

$5 \times \square = 5$ $5 \times \square = 10$

$5 \times \square = 30$ $5 \times \square = 40$

$5 \times \square = 45$ $5 \times \square = 35$

 정답 84쪽

문제로 개념을 확인해요

선 잇기

같은 것을 나타내는 곱셈식과 덧셈식을 찾아 선으로 이으세요.

$5+5+5+5+5+5+5+5$

$5+5+5+5+5+5$

5×7

$5+5$

5×2

5×5

$5+5+5$

$5+5+5+5+5$

5×8

5×3

$5+5+5+5+5+5+5$

5×6

교 과 서 개 념 을 배 워 요

03 3단 곱셈구구

학습목표 ▶ 같은 수의 덧셈을 중심으로 활동을 하여 3씩 묶음이 1개씩 늘어날 때마다 3씩 커지는 것을 알 수 있어요.

토끼풀의 수가 1개씩 늘어날수록
잎의 수는 3개씩 늘어나네!

3	$3\times1=3$
$3+3=3$	$3\times2=6$
$3+3+3=9$	$3\times3=9$
$3+3+3+3=12$	$3\times4=12$
$3+3+3+3+3=15$	$3\times5=15$
$3+3+3+3+3+3=18$	$3\times6=18$
$3+3+3+3+3+3+3=21$	$3\times7=21$
$3+3+3+3+3+3+3+3=24$	$3\times8=24$
$3+3+3+3+3+3+3+3+3=27$	$3\times9=27$

문제로 개념을 확인해요

쓰기

0부터 시작해서 3씩 뛰어 세고, □ 안에 알맞은 수를 쓰세요.

3씩 4번

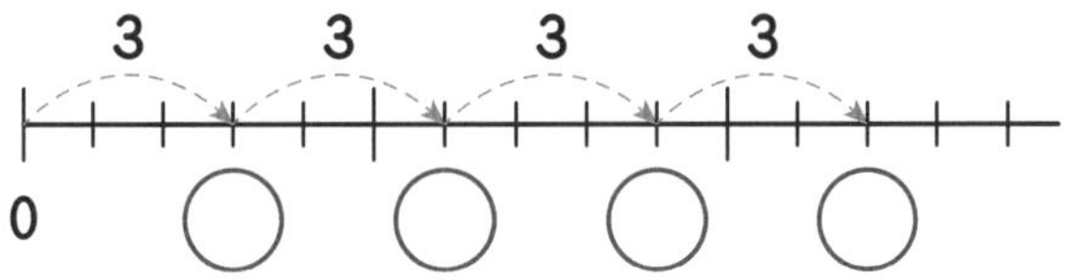

$3+3+3+3=$ □

3씩 6번

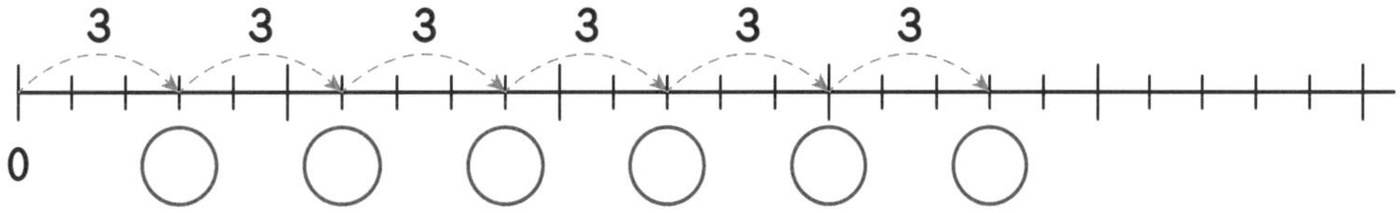

$3+3+3+3+3+3=$ □

3씩 7번

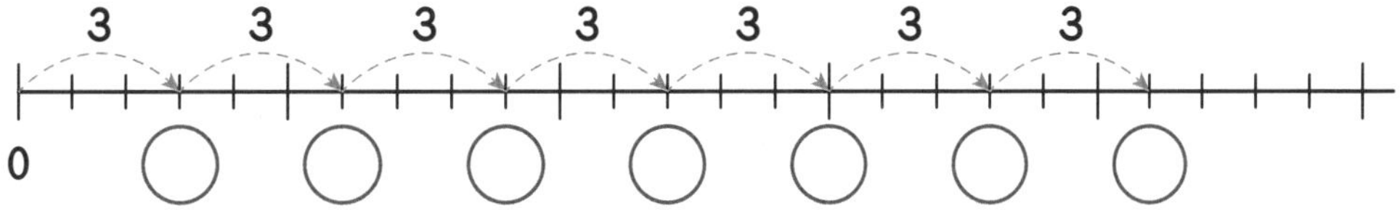

$3+3+3+3+3+3+3=$ □

3씩 8번

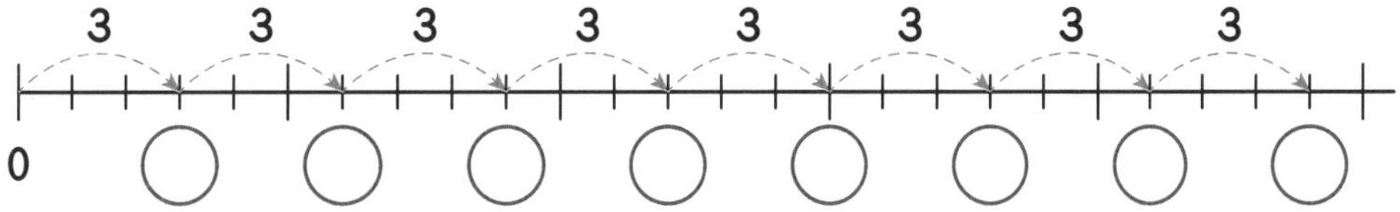

$3+3+3+3+3+3+3+3=$ □

문제로 개념을 확인해요

쓰기

□ 안에 알맞은 수를 쓰세요.

잎사귀가 3개씩
달려 있는
토끼풀의 수를 생각해 봐.

$3 \times 1 = \square$

$3 \times 3 = \square$

$3 \times 4 = \square$

$3 \times 2 = \square$

$3 \times 9 = \square$

$3 \times 7 = \square$

$3 \times 5 = \square$

$3 \times 6 = \square$

$3 \times 8 = \square$

$3 \times \square = 15$

$3 \times \square = 9$

$3 \times \square = 3$

$3 \times \square = 18$

$3 \times \square = 27$

$3 \times \square = 12$

$3 \times \square = 6$

$3 \times \square = 24$

$3 \times \square = 21$

정답 85쪽

문 제 로 개 념 을 확 인 해 요

선 잇기

같은 것을 나타내는 곱셈식과 덧셈식을 찾아 선으로 이으세요.

$3+3+3+3+3+3+3+3+3$

$3+3+3+3+3+3$

3×7

$3+3+3+3+3$

3×9

3×5

$3+3+3$

$3+3+3+3$

3×4

3×3

$3+3+3+3+3+3+3$

3×6

정답 85쪽

교과서 개념을 배워요

04 6단 곱셈구구

학습목표
- 같은 수의 덧셈을 중심으로 활동을 하여 6씩 묶음이 1개씩 늘어날 때마다 6씩 커지는 것을 알 수 있어요.

상자 수가 1개씩 늘어날수록
초콜릿의 수는 6개씩 늘어나네!

6	$6\times1=6$
$6+6=12$	$6\times2=12$
$6+6+6=18$	$6\times3=18$
$6+6+6+6=24$	$6\times4=24$
$6+6+6+6+6=30$	$6\times5=30$
$6+6+6+6+6+6=36$	$6\times6=36$
$6+6+6+6+6+6+6=42$	$6\times7=42$
$6+6+6+6+6+6+6+6=48$	$6\times8=48$
$6+6+6+6+6+6+6+6+6=54$	$6\times9=54$

문제로 개념을 확인해요

쓰기

0부터 시작해서 6씩 뛰어 센 수에 모두 ○표 하고,
□ 안에 알맞은 수를 쓰세요.

0	1	2	3	4	5	6	7	8	9
10	11	12	13	14	15	16	17	18	19
20	21	22	23	24	25	26	27	28	29
30	31	32	33	34	35	36	37	38	39
40	41	42	43	44	45	46	47	48	49
50	51	52	53	54	55	56	57	58	59

6씩 3번 $6+6+6=$ □

6씩 4번 $6+6+6+6=$ □

6씩 7번 $6+6+6+6+6+6+6=$ □

6씩 9번 $6+6+6+6+6+6+6+6+6=$ □

6씩 5번 $6+6+6+6+6=$ □

6씩 8번 $6+6+6+6+6+6+6+6=$ □

6씩 6번 $6+6+6+6+6+6=$ □

수직선에서 뛰어 세는
것처럼 수 배열표에서도
뛰어서 세어 봐!

문제로 개념을 확인해요

쓰기

□ 안에 알맞은 수를 쓰세요.

한 상자에 6개씩
담겨 있는
초콜릿의 수를 생각해 봐.

$6 \times 1 = \square$　　$6 \times 7 = \square$

$6 \times 3 = \square$　　$6 \times 5 = \square$

$6 \times 4 = \square$　　$6 \times 6 = \square$

$6 \times 2 = \square$　　$6 \times 8 = \square$

$6 \times 9 = \square$　　$6 \times \square = 30$

$6 \times \square = 48$　　$6 \times \square = 24$

$6 \times \square = 6$　　$6 \times \square = 12$

$6 \times \square = 36$　　$6 \times \square = 18$

$6 \times \square = 54$　　$6 \times \square = 42$

정답 85쪽

문 제 로 개 념 을 확 인 해 요

선 잇기

같은 것을 나타내는 곱셈식과 덧셈식을 찾아 선으로 이으세요.

6+6+6+6+6+6+6+6

6×2

6×8

6+6+6+6+6

6+6+6

6×3

6+6+6+6+6+6

6+6+6+6+6+6+6

6×6

6×7

6+6

6×5

교과서 개념을 배워요

05 4단 곱셈구구

학습목표
- 같은 수의 덧셈을 중심으로 활동을 하여 4씩 묶음이 1개씩 늘어날 때마다 4씩 커지는 것을 알 수 있어요.

접시의 수가 1개씩 늘어날수록
사과의 수는 4개씩 늘어나네!

 4 — 4×1=4

 4+4=8 — 4×2=8

 4+4+4=12 — 4×3=12

 4+4+4+4=16 — 4×4=16

 4+4+4+4+4=20 — 4×5=20

 4+4+4+4+4+4=24 — 4×6=24

 4+4+4+4+4+4+4=28 — 4×7=28

 4+4+4+4+4+4+4+4=32 — 4×8=32

 4+4+4+4+4+4+4+4+4=36 — 4×9=36

문제로 개념을 확인해요

쓰기

0부터 시작해서 4씩 뛰어 센 수에 모두 ○표 하고,
□ 안에 알맞은 수를 쓰세요.

0	1	2	3	4	5	6	7	8	9
10	11	12	13	14	15	16	17	18	19
20	21	22	23	24	25	26	27	28	29
30	31	32	33	34	35	36	37	38	39

수직선에서 뛰어 세는 것처럼 수 배열표에서도 뛰어서 세어 봐!

4씩 3번　$4+4+4=$ □

4씩 4번　$4+4+4+4=$ □

4씩 7번　$4+4+4+4+4+4+4=$ □

4씩 9번　$4+4+4+4+4+4+4+4+4=$ □

4씩 5번　$4+4+4+4+4=$ □

4씩 8번　$4+4+4+4+4+4+4+4=$ □

4씩 6번　$4+4+4+4+4+4=$ □

정답 85쪽

문제로 개념을 확인해요

쓰기

□ 안에 알맞은 수를 쓰세요.

한 접시에 4개씩
담겨 있는
사과의 수를 생각해 봐.

$4 \times 1 = \square$

$4 \times 7 = \square$

$4 \times 3 = \square$

$4 \times 5 = \square$

$4 \times 4 = \square$

$4 \times 6 = \square$

$4 \times 2 = \square$

$4 \times 8 = \square$

$4 \times 9 = \square$

$4 \times \square = 20$

$4 \times \square = 12$

$4 \times \square = 16$

$4 \times \square = 4$

$4 \times \square = 8$

$4 \times \square = 24$

$4 \times \square = 32$

$4 \times \square = 36$

$4 \times \square = 28$

문제로 개념을 확인해요

선 잇기

같은 것을 나타내는 곱셈식과 덧셈식을 찾아 선으로 이으세요.

$4+4+4$

$4+4+4+4+4+4$

$4+4+4+4+4+4+4$

4×7

4×9

4×5

$4+4+4+4$

4×4

$4+4+4+4+4+4+4+4+4$

4×3

4×6

$4+4+4+4+4$

교과서 개념을 배워요

06 8단 곱셈구구

학습목표
- 같은 수의 덧셈을 중심으로 활동을 하여 8씩 묶음이 1개씩 늘어날 때마다 8씩 커지는 것을 알 수 있어요.

병의 수가 1개씩 늘어날수록
사탕의 수는 8개씩 늘어나네!

8 $8 \times 1 = 8$

$8+8=16$ $8 \times 2 = 16$

$8+8+8=24$ $8 \times 3 = 24$

$8+8+8+8=32$ $8 \times 4 = 32$

$8+8+8+8+8=40$ $8 \times 5 = 40$

$8+8+8+8+8+8=48$ $8 \times 6 = 48$

$8+8+8+8+8+8+8=56$ $8 \times 7 = 56$

$8+8+8+8+8+8+8+8=64$ $8 \times 8 = 64$

$8+8+8+8+8+8+8+8+8=72$ $8 \times 9 = 72$

문 제 로 개 념 을 확 인 해 요

쓰기

0부터 시작해서 8씩 뛰어 센 수에 모두 ○표 하고,
□ 안에 알맞은 수를 쓰세요.

0	1	2	3	4	5	6	7	8	9
10	11	12	13	14	15	16	17	18	19
20	21	22	23	24	25	26	27	28	29
30	31	32	33	34	35	36	37	38	39
40	41	42	43	44	45	46	47	48	49
50	51	52	53	54	55	56	57	58	59
60	61	62	63	64	65	66	67	68	69
70	71	72	73	74	75	76	77	78	79

8씩 4번 $8+8+8+8=$ □

수직선에서 뛰어 세는
것처럼 수 배열표에서도
뛰어서 세어 봐!

8씩 7번 $8+8+8+8+8+8+8=$ □

8씩 9번 $8+8+8+8+8+8+8+8+8=$ □

8씩 5번 $8+8+8+8+8=$ □

8씩 8번 $8+8+8+8+8+8+8+8=$ □

문제로 개념을 확인해요

쓰기

□ 안에 알맞은 수를 쓰세요.

한 병에 8개씩
담겨 있는
사탕의 수를 생각해 봐.

$8 \times 1 = \square$

$8 \times 7 = \square$

$8 \times 3 = \square$

$8 \times 5 = \square$

$8 \times 4 = \square$

$8 \times 6 = \square$

$8 \times 2 = \square$

$8 \times 8 = \square$

$8 \times 9 = \square$

$8 \times \square = 40$

$8 \times \square = 24$

$8 \times \square = 32$

$8 \times \square = 8$

$8 \times \square = 16$

$8 \times \square = 48$

$8 \times \square = 64$

$8 \times \square = 72$

$8 \times \square = 56$

정답 86쪽

문제로 개념을 확인해요

선 잇기

같은 것을 나타내는 곱셈식과 덧셈식을 찾아
선으로 이으세요.

8+8+8+8+8+8

8+8+8

8×7

8+8+8+8

8×9

8×5

8+8+8+8+8+8+8+8+8

8+8+8+8+8

8×4

8×3

8+8+8+8+8+8+8

8×6

교과서 개념을 배워요

07 7단 곱셈구구

학습목표
- 같은 수의 덧셈을 중심으로 활동을 하여 7씩 묶음이 1개씩 늘어날 때마다 7씩 커지는 것을 알 수 있어요.

상자의 수가 1개씩 늘어날수록
쿠키의 수는 7개씩 늘어나네!

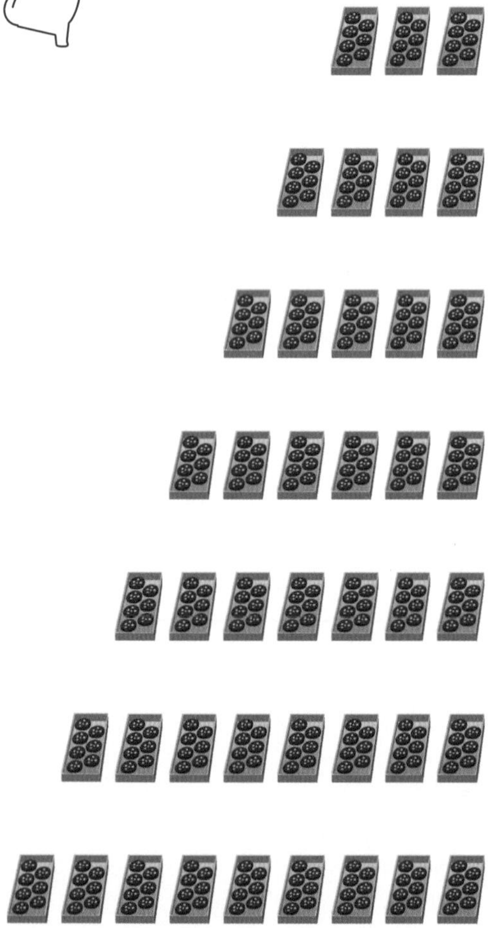

7 　 $7 \times 1 = 7$

$7+7=14$ 　 $7 \times 2 = 14$

$7+7+7=21$ 　 $7 \times 3 = 21$

$7+7+7+7=28$ 　 $7 \times 4 = 28$

$7+7+7+7+7=35$ 　 $7 \times 5 = 35$

$7+7+7+7+7+7=42$ 　 $7 \times 6 = 42$

$7+7+7+7+7+7+7=49$ 　 $7 \times 7 = 49$

$7+7+7+7+7+7+7+7=56$ 　 $7 \times 8 = 56$

$7+7+7+7+7+7+7+7+7=63$ 　 $7 \times 9 = 63$

문 제 로 개 념 을 확 인 해 요

쓰기

0부터 시작해서 7씩 뛰어 센 수에 모두 ○표 하고,
□ 안에 알맞은 수를 쓰세요.

0	1	2	3	4	5	6	7	8	9
10	11	12	13	14	15	16	17	18	19
20	21	22	23	24	25	26	27	28	29
30	31	32	33	34	35	36	37	38	39
40	41	42	43	44	45	46	47	48	49
50	51	52	53	54	55	56	57	58	59
60	61	62	63	64	65	66	67	68	69

7씩 4번 $7+7+7+7=$ □

7씩 7번 $7+7+7+7+7+7+7=$ □

7씩 9번 $7+7+7+7+7+7+7+7+7=$ □

7씩 5번 $7+7+7+7+7=$ □

7씩 8번 $7+7+7+7+7+7+7+7=$ □

수직선에서 뛰어 세는
것처럼 수 배열표에서도
뛰어서 세어 봐!

문제로 개념을 확인해요

쓰기

□ 안에 알맞은 수를 쓰세요.

한 상자에 7개씩
담겨 있는
쿠키의 수를 생각해 봐.

$7 \times 1 = \square$

$7 \times 7 = \square$

$7 \times 3 = \square$

$7 \times 5 = \square$

$7 \times 4 = \square$

$7 \times 6 = \square$

$7 \times 2 = \square$

$7 \times 8 = \square$

$7 \times 9 = \square$

$7 \times \square = 35$

$7 \times \square = 21$

$7 \times \square = 28$

$7 \times \square = 7$

$7 \times \square = 14$

$7 \times \square = 42$

$7 \times \square = 56$

$7 \times \square = 63$

$7 \times \square = 49$

정답 86쪽

문제로 개념을 확인해요

선 잇기

같은 것을 나타내는 곱셈식과 덧셈식을 찾아 선으로 이으세요.

7×2

$7+7$

$7+7+7+7+7$

7×7

$7+7+7+7+7+7+7+7$

7×5

$7+7+7+7+7+7$

7×3

$7+7+7+7+7+7+7$

7×8

$7+7+7$

7×6

교 과 서 개 념 을 배 워 요

08 9단 곱셈구구

학습목표
- 같은 수의 덧셈을 중심으로 활동을 하여 9씩 묶음이 1개씩 늘어날 때마다 9씩 커지는 것을 알 수 있어요.

팔찌의 수가 1개씩 늘어날수록
구슬의 수는 9개씩 늘어나네!

 9 　 $9\times1=9$

 $9+9=18$ 　 $9\times2=18$

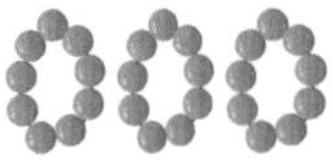 $9+9+9=27$ 　 $9\times3=27$

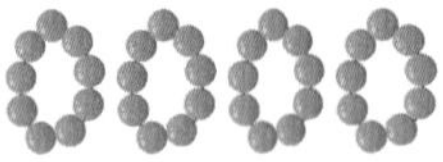 $9+9+9+9=36$ 　 $9\times4=36$

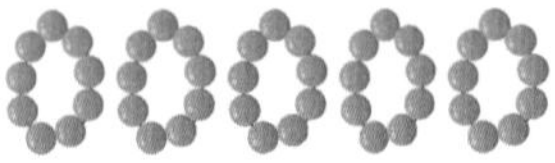 $9+9+9+9+9=45$ 　 $9\times5=45$

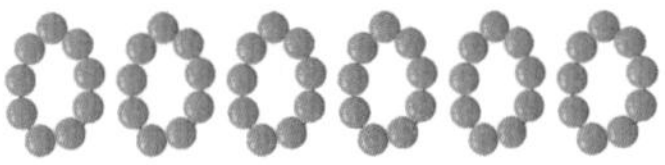 $9+9+9+9+9+9=54$ 　 $9\times6=54$

 $9+9+9+9+9+9+9=63$ 　 $9\times7=63$

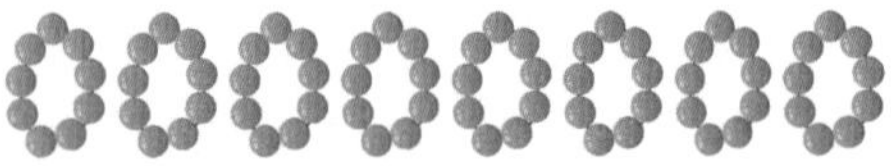 $9+9+9+9+9+9+9+9=72$ 　 $9\times8=72$

 $9+9+9+9+9+9+9+9+9=81$ 　 $9\times9=81$

문제로 개념을 확인해요

쓰기

0부터 시작해서 9씩 뛰어 센 수에 모두 ○표 하고,
□ 안에 알맞은 수를 쓰세요.

0	1	2	3	4	5	6	7	8	9
10	11	12	13	14	15	16	17	18	19
20	21	22	23	24	25	26	27	28	29
30	31	32	33	34	35	36	37	38	39
40	41	42	43	44	45	46	47	48	49
50	51	52	53	54	55	56	57	58	59
60	61	62	63	64	65	66	67	68	69
70	71	72	73	74	75	76	77	78	79
80	81	82	83	84	85	86	87	88	89

9씩 4번 $9+9+9+9=$ □

수직선에서 뛰어 세는
것처럼 수 배열표에서도
뛰어서 세어 봐!

9씩 7번 $9+9+9+9+9+9+9=$ □

9씩 9번 $9+9+9+9+9+9+9+9+9=$ □

9씩 5번 $9+9+9+9+9=$ □

9씩 8번 $9+9+9+9+9+9+9+9=$ □

문제로 개념을 확인해요

쓰기

□ 안에 알맞은 수를 쓰세요.

구슬 9개를 엮어서 만든 팔찌의 수를 생각해 봐.

$9 \times 1 = \square$

$9 \times 7 = \square$

$9 \times 3 = \square$

$9 \times 5 = \square$

$9 \times 4 = \square$

$9 \times 6 = \square$

$9 \times 2 = \square$

$9 \times 8 = \square$

$9 \times 9 = \square$

$9 \times \square = 45$

$9 \times \square = 27$

$9 \times \square = 36$

$9 \times \square = 9$

$9 \times \square = 18$

$9 \times \square = 54$

$9 \times \square = 72$

$9 \times \square = 81$

$9 \times \square = 63$

정답 86쪽

문 제 로 개 념 을 확 인 해 요

선 잇기

같은 것을 나타내는 곱셈식과 덧셈식을 찾아 선으로 이으세요.

$9+9+9$

$9+9+9+9+9+9+9$

9×7

9×9

$9+9+9+9+9+9+9+9+9$

9×5

$9+9$

$9+9+9+9+9+9$

9×3

9×2

$9+9+9+9+9$

9×6

08 그림과 글로 배워요

1 성냥개비는 모두 몇 개인지 곱셈구구를 이용하여 구해 보세요.

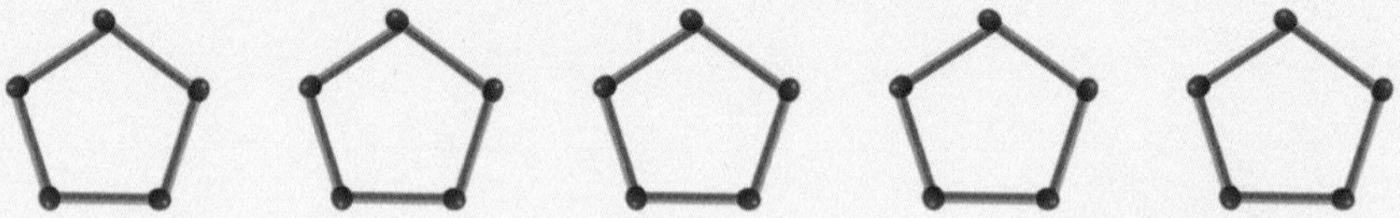

모양 한 개를 만드는 데는
성냥개비 5개가
사용되었어.

모양 1개를 만드는 데 사용된 성냥개비 수

→ □개

모양이
한 개, 두 개, 세 개 …
다섯 개구나!

모양 5개를 만드는 데 사용된 성냥개비 수

→ □ + □ + □ + □ + □

모양 5개를 만드는 데 사용된 성냥개비 수

→ □ × □ = □(개)

5단 곱셈구구
생각해 봐!

2 세발자전거가 8대 있습니다. 세발자전거의 바퀴 수는 모두 몇 개인지 구하세요.

세발자전거에는
3개의 바퀴가 있어.

세발자전거 1대의 바퀴 수

→ □ 개

세발자전거는
모두 8대가 있어.

세발자전거 8대의 바퀴 수

→ □ + □ + □ + □ + □ + □ + □ + □

세발자전거 8대의 바퀴 수

→ □ × □ = □ (개)

3단 곱셈구구를
기억해 봐!

3 물고기는 모두 몇 마리인지 덧셈식과 곱셈식을 써서 구하세요.

조건 ① 어항 한 개에 들어 있는 물고기 수 : ☐ 마리

② 어항 수 : ☐ 개

풀이 어항 5개에 들어 있는 물고기 수를 덧셈식으로 나타내면

→ ☐ + ☐ + ☐ + ☐ + ☐

어항 5개에 들어 있는 물고기 수를 곱셈식으로 나타내면 → ☐ × ☐

답 **물고기는 모두 ______ 마리입니다.**

4 사탕이 모두 몇 개인지 덧셈식과 곱셈식을 써서 구하세요.

조건 ① 접시 한 개에 놓여 있는 사탕 수 : ☐ 개

② 접시 수 : ☐ 개

풀이 접시 4개에 놓여 있는 사탕 수를 덧셈식으로 나타내면

→ ☐ + ☐ + ☐ + ☐

접시 4개에 놓여 있는 사탕 수를 곱셈식으로 나타내면 → ☐ × ☐

답 **사탕은 모두 ______ 개입니다.**

5

문어 한 마리의 다리는 8개입니다. 문어 6마리의 다리는 모두 몇 개인지 덧셈식과 곱셈식을 써서 구하세요.

조건 ① 문어 한 마리의 다리 수 : ☐개 ② 문어 수 : ☐마리

풀이 문어 6마리의 다리 수를 덧셈식으로 나타내면

→ ☐ + ☐ + ☐ + ☐ + ☐ + ☐

문어 6마리의 다리 수를 곱셈식으로 나타내면 → ☐ × ☐

답 **문어 6마리의 다리는 모두 ______ 개입니다.**

6

당근이 모두 몇 개인지 덧셈식과 곱셈식을 써서 구하세요.

조건 ① 바구니 한 개에 들어 있는 당근 수 : ☐개

② 바구니 수 : ☐개

풀이 바구니 4개에 들어 있는 당근 수를 덧셈식으로 나타내면

→ ☐ + ☐ + ☐ + ☐

바구니 4개에 들어 있는 당근 수를 곱셈식으로 나타내면 → ☐ × ☐

답 **당근은 모두 ______ 개입니다.**

09 마무리 평가

□ 안에 알맞은 수를 쓰세요.

❶ $2+2=2\times\square=\square$

❷ $5+5+5=5\times\square=\square$

❸ $5+5+5+5=5\times\square=\square$

❹ $8+8+8=8\times\square=\square$

❺ $7+7+7=7\times\square=\square$

❻ $3+3+3+3+3+3+3=3\times\square=\square$

❼ $4+4+4+4+4+4+4+4+4=4\times\square=\square$

❽ $6+6+6+6+6+6+6+6=6\times\square=\square$

❾ $7+7+7+7+7+7=7\times\square=\square$

❿ $8+8+8+8+8=8\times\square=\square$

⓫ $9+9+9+9+9+9+9+9+9=9\times\square=\square$

정답 87쪽

표준 시간 20분 맞힌 개수 개

0부터 시작해서 같은 수만큼 뛰어 □ 안에 알맞은 수를 쓰세요.

⑫

3	3	3	3	3	3	3	3	3	
0	□	6	□	12	15	18	□	24	27

⑬

4	4	4	4	4	4	4	4	4	
0	4	□	12	□	20	24	28	□	36

⑭

6	6	6	6	6	6	6	6	6	
0	6	12	□	24	□	36	42	48	□

⑮

7	7	7	7	7	7	7	7	7	
0	□	14	21	28	□	42	49	□	63

⑯

8	8	8	8	8	8	8	8	8	
0	8	□	24	32	40	□	56	64	□

⑰

9	9	9	9	9	9	9	9	9	
0	□	□	27	36	45	□	□	72	81

정답 87쪽

같은 것을 나타내는 것끼리 선으로 이으세요.

⑱ 5씩 4번	2×5
⑲ 4씩 7번	8×9
⑳ 2씩 5번	3×6
㉑ 9씩 2번	4×7
㉒ 4씩 3번	5×4
㉓ 8씩 9번	6×8
㉔ 6씩 8번	7×5
㉕ 3씩 6번	9×2
㉖ 7씩 5번	4×3

정답 87쪽

그림을 보고 □ 안에 알맞은 수를 쓰세요.

㉗

$6+6+6=\square$ $\quad$ $6\times3=\square$

㉘

$4+4+4+4+4=\square$ $\quad$ $4\times5=\square$

㉙

$5+5+5+5+5+5=\square$ $\quad$ $5\times6=\square$

㉚

$7+7+7+7+7+7+7=\square$ $\quad$ $7\times7=\square$

㉛

$4+4+4+4+4+4+4+4+4=\square$ $\quad$ $4\times9=\square$

정답 87쪽

한눈에 보는 개념 노트

1

2단 곱셈구구

×	1	2	3	4	5	6	7	8	9
2	2	4	6	8	10	12	14	16	18

→ 2씩 묶음의 수, 2씩 몇 배, 2씩 몇 번 더했는지를 2 × □의 곱셈식으로 나타낼 수 있습니다.

5단 곱셈구구

×	1	2	3	4	5	6	7	8	9
5	5	10	15	20	25	30	35	40	45

→ 5씩 묶음의 수, 5씩 몇 배, 5씩 몇 번 더했는지를 5 × □의 곱셈식으로 나타낼 수 있습니다.

3단 곱셈구구

×	1	2	3	4	5	6	7	8	9
3	3	6	9	12	15	18	21	24	27

→ 3씩 묶음의 수, 3씩 몇 배, 3씩 몇 번 더했는지를 3 × □의 곱셈식으로 나타낼 수 있습니다.

6단 곱셈구구

×	1	2	3	4	5	6	7	8	9
6	6	12	18	24	30	36	42	48	54

→ 6씩 묶음의 수, 6씩 몇 배, 6씩 몇 번 더했는지를 6 × □의 곱셈식으로 나타낼 수 있습니다.

4단 곱셈구구

×	1	2	3	4	5	6	7	8	9
4	4	8	12	16	20	24	28	32	36

→ 4씩 묶음의 수, 4씩 몇 배, 4씩 몇 번 더했는지를 4 × □의 곱셈식으로 나타낼 수 있습니다.

8단 곱셈구구

×	1	2	3	4	5	6	7	8	9
8	8	16	24	32	40	48	56	64	72

→ 8씩 묶음의 수, 8씩 몇 배, 8씩 몇 번 더했는지를 8 × □의 곱셈식으로 나타낼 수 있습니다.

7단 곱셈구구

×	1	2	3	4	5	6	7	8	9
7	7	14	21	28	35	42	49	56	63

→ 7씩 묶음의 수, 7씩 몇 배, 7씩 몇 번 더했는지를 7 × □의 곱셈식으로 나타낼 수 있습니다.

9단 곱셈구구

×	1	2	3	4	5	6	7	8	9
9	9	18	27	36	45	54	63	72	81

→ 9씩 묶음의 수, 9씩 몇 배, 9씩 몇 번 더했는지를 9 × □의 곱셈식으로 나타낼 수 있습니다.

수학 퍼즐 맛보기

수리 기억

해적의 동전들

해적의 보물 상자에는 네 가지 종류의 동전이 들어 있어요
각 동전은 얼마짜리인지 구하세요.

해답

브레인알파 「연산 퍼즐」 교재 내용입니다.

정답

09쪽

문제로 개념을 확인해요

표시하기 그림을 주어진 수만큼 뛰어서 세어 보세요.

3개마다 표시를 해 보고 뛰어 센 수를 써 보자.

3씩: 3 – 6 – 9 – 12 – 15 개

5씩: 5 – 10 – 15 개

6씩: 6 – 12 – 18 – 24 개

정답 82쪽 9

10쪽

문제로 개념을 확인해요

쓰기 구슬이 묶여 있는 것을 보고 몇씩 몇 묶음으로 세었는지 쓰세요.

먼저 구슬이 한 묶음에 몇 개씩인지 세어 볼까?

6 씩 5 묶음 → 30 개

7 씩 4 묶음 → 28 개

8 씩 3 묶음 → 24 개

10 정답 82쪽

11쪽

문제로 개념을 확인해요

그리기 상자 안에 주어진 수와 같은 수의 ○를 □ 안에 그려 넣고, 모두 몇 개인지 세어 보세요.

2개씩: 8 개

3개씩: 9 개

4개씩: 24 개

정답 82쪽 11

13쪽

문제로 개념을 확인해요

표시하기 몇 개인지 주어진 수만큼 묶어 세어 보세요.

2씩: 2 – 4 – 6 – 8 – 10 – 12

2씩 6 묶음 → 12 개

몇 묶음인지 묶어 보자.

3씩: 3 씩 6 묶음 → 18 개

5씩: 5 씩 3 묶음 → 15 개

정답 82쪽 13

14쪽

문제로 개념을 확인해요

그리기 사탕 24개를 주어진 수만큼씩 묶어서 몇 묶음으로 묶을 수 있는지 쓰세요.

사탕은 모두 24개지만 묶는 수에 따라 묶음의 수는 달라!

3씩: 3씩 8 묶음

4씩: 4씩 6 묶음

6씩: 6씩 4 묶음

8씩: 8씩 3 묶음

14 정답 82쪽

15쪽

문제로 개념을 확인해요

그리기 공 16개를 몇씩 몇 묶음으로 묶어서 나타내세요.

16개를 똑같은 수로 묶는 방법은 한 가지가 아니야!

예 2 씩 8 묶음

예 4 씩 4 묶음

예 8 씩 2 묶음

정답 82쪽 15

17쪽

문제로 개념을 확인해요

색칠하기 한 송이 꽃의 꽃잎을 색칠해 보고 전체 꽃의 꽃잎은 한 송이의 몇 배인지 쓰세요.

꽃송이의 수가 몇 배가 되는구나!

→ 5 의 4 배

→ 6 의 5 배

→ 8 의 6 배

→ 4 의 7 배

정답 82쪽 17

18쪽

문제로 개념을 확인해요

선 잇기 그림을 보고 몇 배로 바르게 나타낸 것을 찾아 선으로 이으세요.

8의 5배를 8+5로 생각하면 안 돼!

8의 5배 → 8+8+8+8+8

8의 3배 → 8+8+8

8의 2배 → 8+8

8의 6배 → 8+8+8+8+8+8

18 정답 82쪽

19쪽

문제로 개념을 확인해요

표시하기 감의 수는 사과의 수의 몇 배인지 알맞은 것에 ○표 하세요.

감과 사과의 수를 세고 사과의 수를 몇 번 더해야 감의 수가 나오는지 생각해 봐.

→ 감의 수는 사과의 수의 ((2배), 3배)입니다.

→ 감의 수는 사과의 수의 ((2배), 3배)입니다.

→ 감의 수는 사과의 수의 (3배 , (4배))입니다.

→ 감의 수는 사과의 수의 ((2배), 3배)입니다.

정답 82쪽 19

21쪽

문제로 개념을 확인해요

쓰기 그림을 보고 □ 안에 알맞은 수를 쓰세요.

한 묶음에 몇 개씩인지 보고, 묶음이 몇 개인지 봐.

3씩 3 묶음 → 3의 3 배 → 3 × 3

4씩 4 묶음 → 4의 4 배 → 4 × 4

6씩 4 묶음 → 6의 4 배 → 6 × 4

7씩 4 묶음 → 7의 4 배 → 7 × 4

22쪽

문제로 개념을 확인해요

선 잇기 식을 바르게 읽은 것을 찾아 선으로 이으세요.

5 × 3 = 15

7 × 3 = 21

2 × 5 = 10

4 × 6 = 24

5곱하기 3은 15와 같습니다.

2곱하기 5는 10과 같습니다.

4곱하기 6은 24와 같습니다.

7곱하기 3은 21과 같습니다.

23쪽

문제로 개념을 확인해요

표시하기 대화를 읽고 언니의 나이에 ○표 하세요.

2배는 똑같은 수를 2번 더하는 거야.

나는 5살! 언니의 나이는 내 나이의 2배지!

언니의 나이는 (7살 , (10살))이에요.

나는 6살! 언니의 나이는 내 나이의 3배지!

언니의 나이는 ((18살) , 9살)이에요.

나는 3살! 언니의 나이는 내 나이의 4배지!

언니의 나이는 (7살 , (12살))이에요.

25쪽

문제로 개념을 확인해요

쓰기 그림을 보고 구슬의 수를 곱셈식으로 쓰세요.

구슬은 5개씩 6묶음입니다. → 5의 6 배

덧셈식 5 + 5 + 5 + 5 + 5 + 5 = 30

곱셈식 5 × 6 = 30

구슬은 8개씩 5묶음입니다. → 8의 5 배

덧셈식 8 + 8 + 8 + 8 + 8 = 40

곱셈식 8 × 5 = 40

구슬은 7개씩 4묶음입니다. → 7의 4 배

덧셈식 7 + 7 + 7 + 7 = 28

곱셈식 7 × 4 = 28

26쪽

문제로 개념을 확인해요

선 잇기 서로 같은 것을 찾아 선으로 이으세요.

4의 7배는 28입니다.	4 × 7 = 28
6의 2배는 12입니다.	3 × 8 = 24
5의 7배는 35입니다.	9 × 4 = 36
9의 4배는 36입니다.	5 × 7 = 35
3의 8배는 24입니다.	6 × 2 = 12

27쪽

문제로 개념을 확인해요

표시하기 우유의 수는 빵의 수의 몇 배인지 나타낸 것을 읽고, 바르게 나타낸 식을 찾아 ○표 하세요.

빵의 수만큼을 한 묶음으로 생각해서 우유를 묶어 봐!

우유의 수는 빵의 수의 3배입니다.
((2 × 3 = 6), 3 × 3 = 9)

우유의 수는 빵의 수의 3배입니다.
((3 × 3 = 9), 3 + 3 = 6)

우유의 수는 빵의 수의 2배입니다.
(4 + 2 = 6, (4 × 2 = 8))

우유의 수는 빵의 수의 5배입니다.
((2 × 5 = 10), 2 + 5 = 7)

28쪽

08 그림과 글로 배워요

1 민주와 지호는 요구르트를 각각 하루에 2병씩 마십니다. 7일 동안 민주와 지호가 마신 요구르트는 모두 몇 병인지 구하세요.

민주와 지호가 하루 동안 마시는 요구르트의 양은
2 + 2 = 4 (병)이에요.

각각 2병씩 마시니까 덧셈으로 구할 수 있어.

민주와 지호가 하루 동안 마시는 요구르트의 7배로
4 × 7이에요.

하루에 마시는 양의 7배는 곱하기로 나타낼 수 있지.

민주와 지호가 7일 동안 마신 요구르트의 양은 모두
4 × 7 = 28 (병)이에요.

하나씩 세려니까 너무 힘들다!

29쪽

2 나무 모양이 규칙적으로 그려진 포장지의 일부분이 찢어졌습니다. 찢어지기 전 포장지에 그려져 있던 나무 모양은 모두 몇 개인지 구하세요.

가장 윗줄에 있는 나무 모양은 9 개예요.

몇 줄로 그려져 있는지 세어 보면 4 줄이에요.

찢어지기 전 포장지에 그려진 나무 모양의 수는
9 × 4 = 36 (개)예요.

9개씩 4줄

30쪽

3 아래 양파의 6배만큼을 사용해서 요리를 하려고 합니다. 필요한 양파는 모두 몇 개인지 구하세요.

조건 ① 주어진 양파 수 : 3 개
② 요리에 사용한 양파 수 : 3 의 6배

풀이 요리에 사용한 양파 수 : 그림의 양파 수의 6배 → 3 × 6 = 18

답 요리에 사용한 양파는 모두 18 개입니다.

4 구멍이 2개인 단추가 4개, 구멍이 4개인 단추가 8개 있습니다. 단춧구멍은 모두 몇 개인지 구하세요.

조건 ① 구멍이 2개인 단추의 구멍 수 : 2 개씩 4개 → 2 의 4배
② 구멍이 4개인 단추의 구멍 수 : 4 개씩 8개 → 4 의 8배

풀이 구멍 2개의 단춧구멍 수 : 2 × 4 = 8
구멍 4개의 단춧구멍 수 : 4 × 8 = 32

답 단춧구멍은 모두 40 개입니다.

31쪽

5 우유가 한 상자에 3개씩 3줄로 들어 있습니다. 6상자에 들어 있는 우유는 모두 몇 개인지 구하세요.

조건 ① 한 상자에 들어 있는 우유 수 : 3 개씩 3줄 → 3 의 3배
② 6상자에 들어 있는 우유 수 : (한 상자에 들어 있는 우유 수)의 6 배

풀이 한 상자에 들어 있는 우유 수 : 3 × 3 = 9
6상자에 들어 있는 우유 수: 9 × 6 = 54

답 6상자에 들어 있는 우유는 모두 54 개입니다.

6 가장 작은 수를 말한 사람을 찾아 이름을 쓰세요.

3과 6의 곱 (하준) / 8씩 3묶음 (미주) / 4 곱하기 7 (차영)

조건 하준: 3과 6의 곱 → 3 × 6
미주: 8씩 3묶음 → 8의 3배 → 8 × 3
차영: 4 곱하기 7 → 4 × 7

풀이 하준: 18 , 미주: 24 , 차영: 28

답 가장 작은 수를 말한 사람은 하준 입니다.

정답 84쪽 31

32쪽

09 마무리 평가

접시 위에 있는 딸기는 모두 몇 개인지 묶어 세어 보세요.

❶ 5 — 10 — 15 개 5 씩 3 묶음 → 15 개

❷ 6 — 12 — 18 — 24 — 30 개
6 씩 5 묶음 → 30 개

야구공 18개를 주어진 수만큼 묶으면 몇 묶음으로 묶을 수 있는지 쓰세요.

❸ 2씩 9 묶음
❹ 3씩 6 묶음
❺ 6씩 3 묶음
❻ 9씩 2 묶음

32 정답 84쪽

33쪽

표준 시간 20분 맞힌 개수 개

묶음으로 나타낸 그림을 몇 배로 나타내세요.

❼ 5 씩 5 묶음 → 5 의 5 배

❽ 7 씩 7 묶음 → 7 의 7 배

몇씩 몇 묶음을 덧셈식과 곱셈식으로 나타내세요.

❾ 구슬은 6개씩 3묶음입니다. → 6의 3 배
덧셈식 6 + 6 + 6 = 18 곱셈식 6 × 3 = 18

❿ 구슬은 4개씩 5묶음입니다. → 4의 5 배
덧셈식 4 + 4 + 4 + 4 + 4 = 20 곱셈식 4 × 5 = 20

정답 84쪽 33

39쪽

문제로 개념을 확인해요

쓰기 0부터 시작해서 2씩 뛰어 세고, □ 안에 알맞은 수를 쓰세요.

2씩 뛰어 센 수만큼 덧셈식으로 나타내!

2씩 4번: 0 ② ④ ⑥ ⑧ — 2+2+2+2 = 8

2씩 6번: 0 ② ④ ⑥ ⑧ ⑩ ⑫ — 2+2+2+2+2+2 = 12

2씩 9번: 0 ② ④ ⑥ ⑧ ⑩ ⑫ ⑭ ⑯ ⑱ — 2+2+2+2+2+2+2+2+2 = 18

2씩 8번: 0 ② ④ ⑥ ⑧ ⑩ ⑫ ⑭ ⑯ — 2+2+2+2+2+2+2+2 = 16

정답 84쪽 39

40쪽

문제로 개념을 확인해요

쓰기 □ 안에 알맞은 수를 쓰세요.

한 봉지에 2개씩 담겨 있는 도넛의 수를 생각해 봐.

2 × 1 = 2　　2 × 7 = 14
2 × 3 = 6　　2 × 5 = 10
2 × 4 = 8　　2 × 6 = 12
2 × 2 = 4　　2 × 8 = 16
2 × 9 = 18　　2 × 5 = 10

2 × 3 = 6　　2 × 4 = 8
2 × 1 = 2　　2 × 2 = 4
2 × 6 = 12　　2 × 8 = 16
2 × 9 = 18　　2 × 7 = 14

40 정답 84쪽

41쪽

문제로 개념을 확인해요

선 잇기 같은 것을 나타내는 곱셈식과 덧셈식을 찾아 선으로 이으세요.

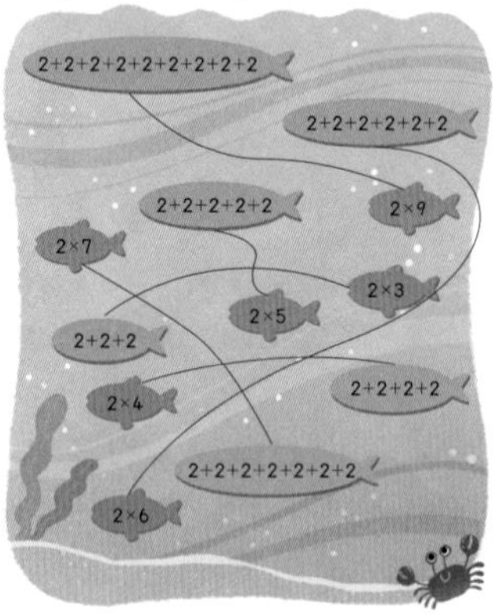

정답 84쪽 41

43쪽

문제로 개념을 확인해요

쓰기 0부터 시작해서 5씩 뛰어 센 수에 모두 ○표 하고, □ 안에 알맞은 수를 쓰세요.

0	1	2	3	4	⑤	6	7	8	9
⑩	11	12	13	14	⑮	16	17	18	19
⑳	21	22	23	24	㉕	26	27	28	29
㉚	31	32	33	34	㉟	36	37	38	39
㊵	41	42	43	44	㊺	46	47	48	49

수직선에서 뛰어 세는 것처럼 수 배열표에서도 뛰어서 세어 봐!

5씩 3번 5+5+5= 15
5씩 4번 5+5+5+5= 20
5씩 7번 5+5+5+5+5+5+5= 35
5씩 9번 5+5+5+5+5+5+5+5+5= 45
5씩 5번 5+5+5+5+5= 25
5씩 8번 5+5+5+5+5+5+5+5= 40
5씩 6번 5+5+5+5+5+5= 30

정답 84쪽 43

44쪽

문제로 개념을 확인해요

쓰기 □ 안에 알맞은 수를 쓰세요.

한 봉지에 5개씩 담겨 있는 사탕의 수를 생각해 봐.

5 × 1 = 5　　5 × 7 = 35
5 × 3 = 15　　5 × 5 = 25
5 × 4 = 20　　5 × 6 = 30
5 × 2 = 10　　5 × 8 = 40
5 × 9 = 45　　5 × 5 = 25

5 × 3 = 15　　5 × 4 = 20
5 × 1 = 5　　5 × 2 = 10
5 × 6 = 30　　5 × 8 = 40
5 × 9 = 45　　5 × 7 = 35

44 정답 84쪽

45쪽

문제로 개념을 확인해요

선 잇기 같은 것을 나타내는 곱셈식과 덧셈식을 찾아 선으로 이으세요.

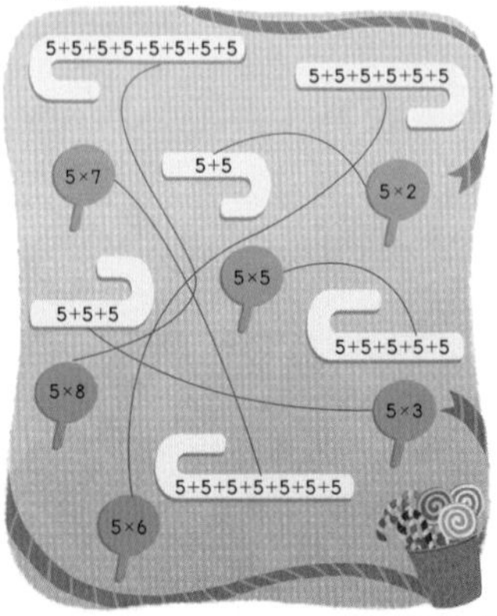

정답 84쪽 45

47쪽

문제로 개념을 확인해요

쓰기 0부터 시작해서 3씩 뛰어 세고, □ 안에 알맞은 수를 쓰세요.

3씩 뛰어 센 수만큼 덧셈식으로 나타내!

3씩 4번: 0, (3), (6), (9), (12)

3+3+3+3 = 12

3씩 6번: 0, (3), (6), (9), (12), (15), (18)

3+3+3+3+3+3 = 18

3씩 7번: 0, (3), (6), (9), (12), (15), (18), (21)

3+3+3+3+3+3+3 = 21

3씩 8번: 0, (3), (6), (9), (12), (15), (18), (21), (24)

3+3+3+3+3+3+3+3 = 24

48쪽

문제로 개념을 확인해요

쓰기 □ 안에 알맞은 수를 쓰세요.

일사귀가 3개씩 달려 있는 토끼풀의 수를 생각해 봐.

3 × 1 = 3 | 3 × 7 = 21

3 × 3 = 9 | 3 × 5 = 15

3 × 4 = 12 | 3 × 6 = 18

3 × 2 = 6 | 3 × 8 = 24

3 × 9 = 27 | 3 × 5 = 15

3 × 3 = 9 | 3 × 4 = 12

3 × 1 = 3 | 3 × 2 = 6

3 × 6 = 18 | 3 × 8 = 24

3 × 9 = 27 | 3 × 7 = 21

49쪽

문제로 개념을 확인해요

선 잇기 같은 것을 나타내는 곱셈식과 덧셈식을 찾아 선으로 이으세요.

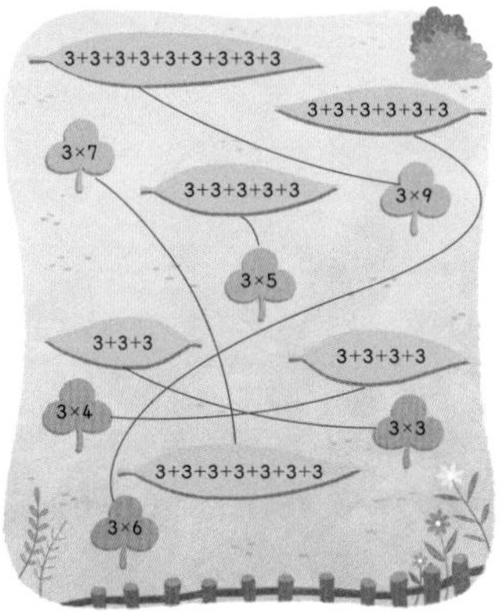

51쪽

문제로 개념을 확인해요

쓰기 0부터 시작해서 6씩 뛰어 센 수에 모두 ○표 하고, □ 안에 알맞은 수를 쓰세요.

0	1	2	3	4	5	(6)	7	8	9
10	11	(12)	13	14	15	16	17	(18)	19
20	21	22	23	(24)	25	26	27	28	29
(30)	31	32	33	34	35	(36)	37	38	39
40	41	(42)	43	44	45	46	47	(48)	49
50	51	52	53	(54)	55	56	57	58	59

수직선에서 뛰어 세는 것처럼 수 배열표에서도 뛰어서 세어 봐!

6씩 3번 6+6+6 = 18

6씩 4번 6+6+6+6 = 24

6씩 7번 6+6+6+6+6+6+6 = 42

6씩 9번 6+6+6+6+6+6+6+6+6 = 54

6씩 5번 6+6+6+6+6 = 30

6씩 8번 6+6+6+6+6+6+6+6 = 48

6씩 6번 6+6+6+6+6+6 = 36

52쪽

문제로 개념을 확인해요

쓰기 □ 안에 알맞은 수를 쓰세요.

한 상자에 6개씩 담겨 있는 초콜릿의 수를 생각해 봐.

6 × 1 = 6 | 6 × 7 = 42

6 × 3 = 18 | 6 × 5 = 30

6 × 4 = 24 | 6 × 6 = 36

6 × 2 = 12 | 6 × 8 = 48

6 × 9 = 54 | 6 × 5 = 30

6 × 8 = 48 | 6 × 4 = 24

6 × 1 = 6 | 6 × 2 = 12

6 × 6 = 36 | 6 × 3 = 18

6 × 9 = 54 | 6 × 7 = 42

53쪽

문제로 개념을 확인해요

선 잇기 같은 것을 나타내는 곱셈식과 덧셈식을 찾아 선으로 이으세요.

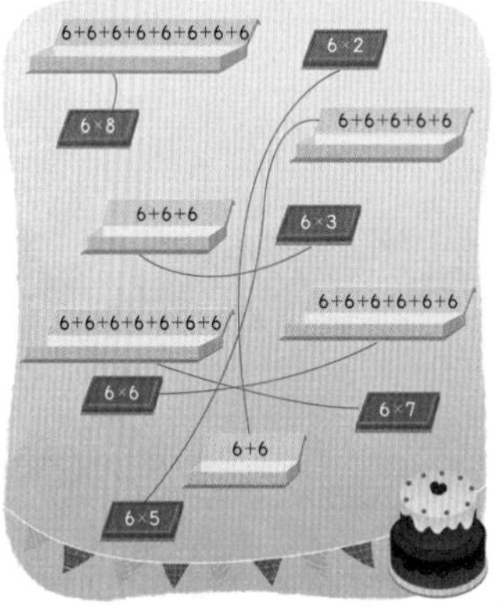

55쪽

문제로 개념을 확인해요

쓰기 0부터 시작해서 4씩 뛰어 센 수에 모두 ○표 하고, □ 안에 알맞은 수를 쓰세요.

0	1	2	3	(4)	5	6	7	(8)	9
10	11	(12)	13	14	15	(16)	17	18	19
(20)	21	22	23	(24)	25	26	27	(28)	29
30	31	(32)	33	34	35	(36)	37	38	39

수직선에서 뛰어 세는 것처럼 수 배열표에서도 뛰어서 세어 봐!

4씩 3번 4+4+4 = 12

4씩 4번 4+4+4+4 = 16

4씩 7번 4+4+4+4+4+4+4 = 28

4씩 9번 4+4+4+4+4+4+4+4+4 = 36

4씩 5번 4+4+4+4+4 = 20

4씩 8번 4+4+4+4+4+4+4+4 = 32

4씩 6번 4+4+4+4+4+4 = 24

56쪽

문제로 개념을 확인해요

쓰기 □ 안에 알맞은 수를 쓰세요.

한 접시에 4개씩 담겨 있는 사과의 수를 생각해 봐.

4 × 1 = 4 | 4 × 7 = 28

4 × 3 = 12 | 4 × 5 = 20

4 × 4 = 16 | 4 × 6 = 24

4 × 2 = 8 | 4 × 8 = 32

4 × 9 = 36 | 4 × 5 = 20

4 × 3 = 12 | 4 × 4 = 16

4 × 1 = 4 | 4 × 2 = 8

4 × 6 = 24 | 4 × 8 = 32

4 × 9 = 36 | 4 × 7 = 28

57쪽

문제로 개념을 확인해요

선 잇기 같은 것을 나타내는 곱셈식과 덧셈식을 찾아 선으로 이으세요.

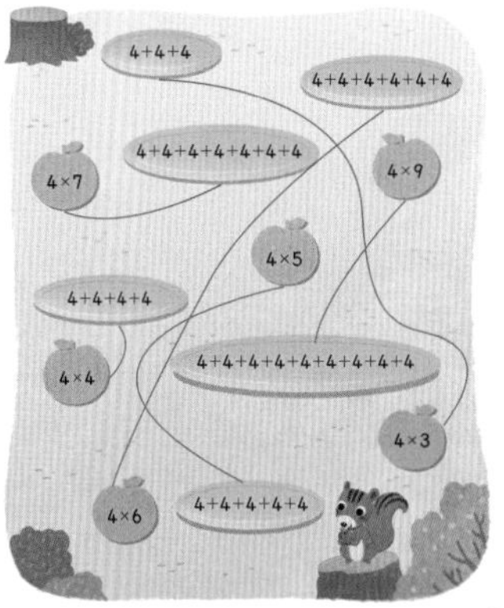

59쪽

문제로 개념을 확인해요

쓰기 0부터 시작해서 8씩 뛰어 센 수에 모두 ○표 하고, □ 안에 알맞은 수를 쓰세요.

0	1	2	3	4	5	6	7	(8)	9
10	11	12	13	14	15	(16)	17	18	19
20	21	22	23	(24)	25	26	27	28	29
30	31	(32)	33	34	35	36	37	38	39
(40)	41	42	43	44	45	46	47	(48)	49
50	51	52	53	54	55	(56)	57	58	59
60	61	62	63	(64)	65	66	67	68	69
70	71	(72)	73	74	75	76	77	78	79

수직선에서 뛰어 세는 것처럼 수 배열표에서도 뛰어서 세어 봐!

8씩 4번 8+8+8+8 = 32

8씩 7번 8+8+8+8+8+8+8 = 56

8씩 9번 8+8+8+8+8+8+8+8+8 = 72

8씩 5번 8+8+8+8+8 = 40

8씩 8번 8+8+8+8+8+8+8+8 = 64

60쪽

문제로 개념을 확인해요

쓰기 □ 안에 알맞은 수를 쓰세요.

한 번에 8개씩 담겨 있는 사탕의 수를 생각해 봐.

8 × 1 = 8   8 × 7 = 56

8 × 3 = 24   8 × 5 = 40

8 × 4 = 32   8 × 6 = 48

8 × 2 = 16   8 × 8 = 64

8 × 9 = 72   8 × 5 = 40

8 × 3 = 24   8 × 4 = 32

8 × 1 = 8   8 × 2 = 16

8 × 6 = 48   8 × 8 = 64

8 × 9 = 72   8 × 7 = 56

61쪽

문제로 개념을 확인해요

선 잇기 같은 것을 나타내는 곱셈식과 덧셈식을 찾아 선으로 이으세요.

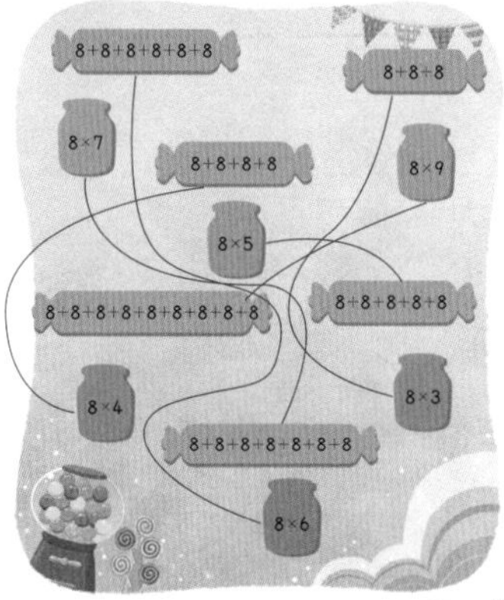

63쪽

문제로 개념을 확인해요

쓰기 0부터 시작해서 7씩 뛰어 센 수에 모두 ○표 하고, □ 안에 알맞은 수를 쓰세요.

0	1	2	3	4	5	6	(7)	8	9
10	11	12	13	(14)	15	16	17	18	19
20	(21)	22	23	24	25	26	27	(28)	29
30	31	32	33	34	(35)	36	37	38	39
40	41	(42)	43	44	45	46	47	48	(49)
50	51	52	53	54	55	(56)	57	58	59
60	61	62	(63)	64	65	66	67	68	69

수직선에서 뛰어 세는 것처럼 수 배열표에서도 뛰어서 세어 봐!

7씩 4번 7+7+7+7 = 28

7씩 7번 7+7+7+7+7+7+7 = 49

7씩 9번 7+7+7+7+7+7+7+7+7 = 63

7씩 5번 7+7+7+7+7 = 35

7씩 8번 7+7+7+7+7+7+7+7 = 56

64쪽

문제로 개념을 확인해요

쓰기 □ 안에 알맞은 수를 쓰세요.

한 상자에 7개씩 담겨 있는 우키의 수를 생각해 봐.

7 × 1 = 7   7 × 7 = 49

7 × 3 = 21   7 × 5 = 35

7 × 4 = 28   7 × 6 = 42

7 × 2 = 14   7 × 8 = 56

7 × 9 = 63   7 × 5 = 35

7 × 3 = 21   7 × 4 = 28

7 × 1 = 7   7 × 2 = 14

7 × 6 = 42   7 × 8 = 56

7 × 9 = 63   7 × 7 = 49

65쪽

문제로 개념을 확인해요

선 잇기 같은 것을 나타내는 곱셈식과 덧셈식을 찾아 선으로 이으세요.

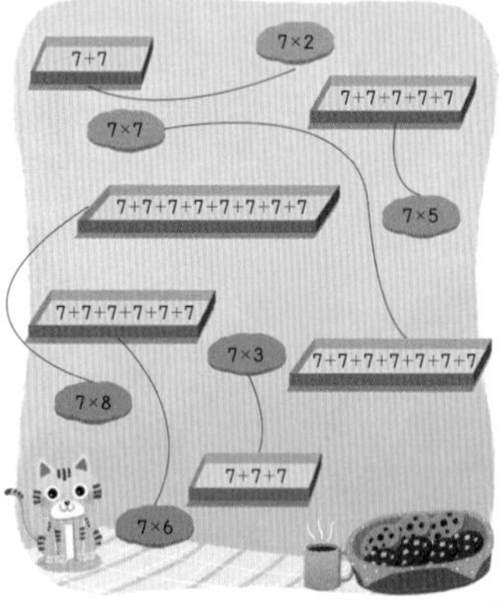

67쪽

문제로 개념을 확인해요

쓰기 0부터 시작해서 9씩 뛰어 센 수에 모두 ○표 하고, □ 안에 알맞은 수를 쓰세요.

0	1	2	3	4	5	6	7	8	(9)
10	11	12	13	14	15	16	17	(18)	19
20	21	22	23	24	25	26	(27)	28	29
30	31	32	33	34	35	(36)	37	38	39
40	41	42	43	44	(45)	46	47	48	49
50	51	52	53	(54)	55	56	57	58	59
60	61	62	(63)	64	65	66	67	68	69
70	71	(72)	73	74	75	76	77	78	79
80	(81)	82	83	84	85	86	87	88	89

수직선에서 뛰어 세는 것처럼 수 배열표에서도 뛰어서 세어 봐!

9씩 4번 9+9+9+9 = 36

9씩 7번 9+9+9+9+9+9+9 = 63

9씩 9번 9+9+9+9+9+9+9+9+9 = 81

9씩 5번 9+9+9+9+9 = 45

9씩 8번 9+9+9+9+9+9+9+9 = 72

68쪽

문제로 개념을 확인해요

쓰기 □ 안에 알맞은 수를 쓰세요.

구슬 9개를 엮어서 만든 팔찌의 수를 생각해 봐.

9 × 1 = 9   9 × 7 = 63

9 × 3 = 27   9 × 5 = 45

9 × 4 = 36   9 × 6 = 54

9 × 2 = 18   9 × 8 = 72

9 × 9 = 81   9 × 5 = 45

9 × 3 = 27   9 × 4 = 36

9 × 1 = 9   9 × 2 = 18

9 × 6 = 54   9 × 8 = 72

9 × 9 = 81   9 × 7 = 63

69쪽

문제로 개념을 확인해요

선 잇기 같은 것을 나타내는 곱셈식과 덧셈식을 찾아 선으로 이으세요.

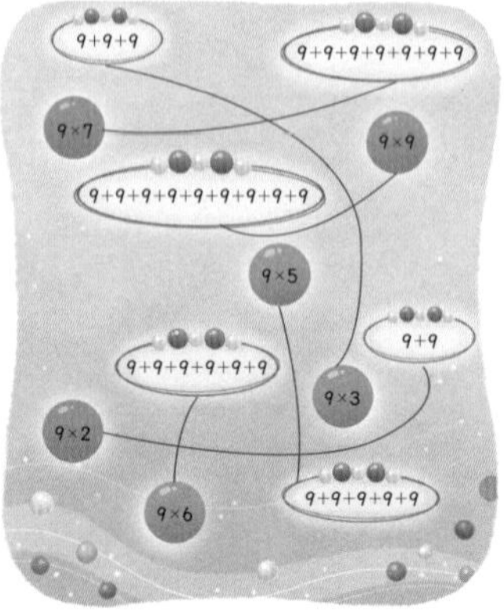

70쪽

08 그림과 글로 배워요

1 성냥개비는 모두 몇 개인지 곱셈구구를 이용하여 구해 보세요.

모양 한 개를 만드는 데는 성냥개비 5개가 사용되었어.

모양 1개를 만드는 데 사용된 성냥개비 수
→ 5 개

모양이 한 개, 두 개, 세 개 … 다섯 개구나!

모양 5개를 만드는 데 사용된 성냥개비 수
→ 5 + 5 + 5 + 5 + 5

모양 5개를 만드는 데 사용된 성냥개비 수
→ 5 × 5 = 25 (개)

5단 곱셈구구 생각해 봐!

70 정답 87쪽

71쪽

2 세발자전거가 8대 있습니다. 세발자전거의 바퀴 수는 모두 몇 개인지 구하세요.

세발자전거에는 3개의 바퀴가 있어.

세발자전거 1대의 바퀴 수
→ 3 개

세발자전거는 모두 8대가 있어.

세발자전거 8대의 바퀴 수
→ 3 + 3 + 3 + 3 + 3 + 3 + 3 + 3

세발자전거 8대의 바퀴 수
→ 3 × 8 = 24 (개)

3단 곱셈구구를 기억해 봐!

정답 87쪽 71

72쪽

3 물고기는 모두 몇 마리인지 덧셈식과 곱셈식을 써서 구하세요.

조건 ① 어항 한 개에 들어 있는 물고기 수 : 6 마리
② 어항 수 : 5 개

풀이 어항 5개에 들어 있는 물고기 수를 덧셈식으로 나타내면
→ 6 + 6 + 6 + 6 + 6
어항 5개에 들어 있는 물고기 수를 곱셈식으로 나타내면 → 6 × 5

답 물고기는 모두 30 마리입니다.

4 사탕이 모두 몇 개인지 덧셈식과 곱셈식을 써서 구하세요.

조건 ① 접시 한 개에 놓여 있는 사탕 수 : 7 개
② 접시 수 : 4 개

풀이 접시 4개에 놓여 있는 사탕 수를 덧셈식으로 나타내면
→ 7 + 7 + 7 + 7
접시 4개에 놓여 있는 사탕 수를 곱셈식으로 나타내면 → 7 × 4

답 사탕은 모두 28 개입니다.

72 정답 87쪽

73쪽

5 문어 한 마리의 다리는 8개입니다. 문어 6마리의 다리는 모두 몇 개인지 덧셈식과 곱셈식을 써서 구하세요.

조건 ① 문어 한 마리의 다리 수 : 8 개 ② 문어 수 : 6 마리

풀이 문어 6마리의 다리 수를 덧셈식으로 나타내면
→ 8 + 8 + 8 + 8 + 8 + 8
문어 6마리의 다리 수를 곱셈식으로 나타내면 → 8 × 6

답 문어 6마리의 다리는 모두 48 개입니다.

6 당근이 모두 몇 개인지 덧셈식과 곱셈식을 써서 구하세요.

조건 ① 바구니 한 개에 들어 있는 당근 수 : 9 개
② 바구니 수 : 4 개

풀이 바구니 4개에 들어 있는 당근 수를 덧셈식으로 나타내면
→ 9 + 9 + 9 + 9
바구니 4개에 들어 있는 당근 수를 곱셈식으로 나타내면 → 9 × 4

답 당근은 모두 36 개입니다.

정답 87쪽 73

74쪽

09 마무리 평가

☑ □ 안에 알맞은 수를 쓰세요.

❶ 2+2=2× 2 = 4
❷ 5+5+5=5× 3 = 15
❸ 5+5+5+5=5× 4 = 20
❹ 8+8+8=8× 3 = 24
❺ 7+7+7=7× 3 = 21
❻ 3+3+3+3+3+3+3=3× 7 = 21
❼ 4+4+4+4+4+4+4+4+4=4× 9 = 36
❽ 6+6+6+6+6+6+6+6=6× 8 = 48
❾ 7+7+7+7+7+7=7× 6 = 42
❿ 8+8+8+8+8=8× 5 = 40
⓫ 9+9+9+9+9+9+9+9+9=9× 9 = 81

74 정답 87쪽

75쪽

표준 시간 20분 / 맞힌 개수 개

☑ 0부터 시작해서 같은 수만큼 뛰어 □ 안에 알맞은 수를 쓰세요.

⓬ 0, 3, 6, 9, 12, 15, 18, 21, 24, 27
⓭ 0, 4, 8, 12, 16, 20, 24, 28, 32, 36
⓮ 0, 6, 12, 18, 24, 30, 36, 42, 48, 54
⓯ 0, 7, 14, 21, 28, 35, 42, 49, 56, 63
⓰ 0, 8, 16, 24, 32, 40, 48, 56, 64, 72
⓱ 0, 9, 18, 27, 36, 45, 54, 63, 72, 81

정답 87쪽 75

76쪽

☑ 같은 것을 나타내는 것끼리 선으로 이으세요.

⓲ 5씩 4번	2×5
⓳ 4씩 7번	8×9
⓴ 2씩 5번	3×6
㉑ 9씩 2번	4×7
㉒ 4씩 3번	5×4
㉓ 8씩 9번	6×8
㉔ 6씩 8번	7×5
㉕ 3씩 6번	9×2
㉖ 7씩 5번	4×3

76 정답 87쪽

77쪽

☑ 그림을 보고 □ 안에 알맞은 수를 쓰세요.

㉗ 6+6+6= 18　6×3= 18

㉘ 4+4+4+4+4= 20　4×5= 20

㉙ 5+5+5+5+5+5= 30　5×6= 30

㉚ 7+7+7+7+7+7+7= 49　7×7= 49

㉛ 4+4+4+4+4+4+4+4+4= 36　4×9= 36

정답 87쪽 77

상장

이름 ___________

위 어린이는
1학년에게 꼭 필요한 구구단을
스스로 열심히 마쳤습니다.

이에 칭찬하여 이 상장을 드립니다.

년 월 일

교과서 연계 연산 강화 프로젝트
쌤과 맘이 만든
쌍둥이
연산노트
예습과 복습, 2권으로
초등 수학 연산 공부 끝!
한 달 완성!
정가 9,500원
빠른 학기
드릴 연산
쌍둥이
연산노트
자세한 단계
진도 연산
이젠 연산왕
재미있는
만화수학교과서
이젠 꼭 필요한
초등수학
이젠교육
EZEN EDUCATION

수학 교과서에 맞춘

이젠 꼭 필요한 초등수학 시리즈

| 교육과정 | 수학 교과서 중요 단원

1학년에게 꼭 필요한
도형과 측정

2학년에게 꼭 필요한
도형과 측정

3학년에게 꼭 필요한
도형

4학년에게 꼭 필요한
도형

1학년에게 꼭 필요한
구구단

2학년에게 꼭 필요한
구구단

3학년에게 꼭 필요한
분수와 소수

4학년에게 꼭 필요한
분수와 소수

1학년에게 꼭 필요한
시계와 달력

3학년에게 꼭 필요한
시간과 측정

초등 1학년 1학기	초등 1학년 2학기	초등 2학년 1학기	초등 2학년 2학기	초등 3학년 1학기	초등 3학년 2학기	초등 4학년 1학기	초등 4학년 2학기
여러 가지 모양 비교하기	여러 가지 모양	여러 가지 도형 길이 재기 분류하기	길이 재기	평면도형	원	평면도형의 이동	삼각형 사각형 다각형
		곱셈	곱셈구구	분수와 소수	분수		분수의 덧셈과 뺄셈 소수의 덧셈과 뺄셈
	시계 보기와 규칙 찾기		시각과 시간	길이와 시간	들이와 무게	각도	

의 책이에요!

제 품 명: 1학년에게 꼭 필요한 구구단
제조자명: 이젠교육
제조국명: 대한민국
제조년월: 판권에 별도 표기
사용학년: 8세 이상

※ KC마크는 이 제품이 공통안전기준에 적합하였음을 의미합니다.

값 16,000원 (2권 세트)

63410

ISBN 979-11-90880-64-0

시작하면 끝까지 보는

이젠 꼭 필요한 초등수학 시리즈

초등 1학년	초등 2학년	초등 3학년	초등 4학년

1학년에게 꼭 필요한 도형과 측정
2학년에게 꼭 필요한 도형과 측정
3학년에게 꼭 필요한 도형
4학년에게 꼭 필요한 도형
1학년에게 꼭 필요한 구구단
2학년에게 꼭 필요한 구구단
3학년에게 꼭 필요한 분수와 소수
4학년에게 꼭 필요한 분수와 소수
1학년에게 꼭 필요한 시계와 달력
3학년에게 꼭 필요한 시간과 측정

의 책이에요!

제 품 명: 1학년에게 꼭 필요한 구구단
제조자명: 이젠교육
제조국명: 대한민국
제조년월: 판권에 별도 표기
사용학년: 8세 이상

※ KC마크는 이 제품이 공통안전기준에 적합하였음을 의미합니다.

값 16,000원 (2권 세트)
ISBN 979-11-90880-64-0

1학년에게 꼭 필요한

구구단

한날 글·그림 / 이젠수학연구소 지음

시작하면 끝까지 보는
초등수학 필독서

꼭 읽어야 하는
만화 교과서

꼭 풀어야 하는
수학 익힘책

이젠교육
EZEN EDUCATION

한날 글·그림

웹툰·이모티콘 캐릭터 작가로 활동하며 캐릭터 그리는 것을 평생의 즐거움으로 살아가고 있습니다. 웹툰 '동물농장'과 '인생다반사'를 연재했으며, 카카오톡 이모티콘 '인생다반사'와 '짤모티콘' 등을 출시하였습니다. 쓰고 그린 책으로는 《읽으면서 바로 써먹는 어린이 영단어》, 《읽으면서 바로 써먹는 어린이 맞춤법》, 《읽으면서 바로 써먹는 어린이 관용구》, 《읽으면서 바로 써먹는 어린이 속담》, 《읽으면서 바로 써먹는 어린이 퀴즈》, 《읽으면서 바로 해보는 어린이 게임》 등이 있습니다.

blog http://blog.naver.com/ngmspg   http://www.instagram.com/hannal_01

이젠수학연구소 지음

이젠수학연구소는 유아에서 초중고까지 학생들이 수학의 바른길을 찾아낼 수 있도록 수학 학습법을 연구하는 이젠교육의 수학 연구소입니다. 수학 실력은 하루아침에 완성되지 않으며, 다양한 경험을 통해 발달합니다. 그길에 친구가 되고자 노력합니다.

1학년에게 꼭 필요한 구구단

초판 1쇄 발행 | 2022년 1월 10일

지 은 이 이젠수학연구소
펴 낸 이 임요병
펴 낸 곳 ㈜이젠미디어
출판등록 제 2020-000073호
주 소 서울시 영등포구 양평로 22길 21 코오롱디지털타워 404호
전 화 (02)324-1600
팩 스 (031)941-9611
인스타그램 @ezeneducation
블 로 그 http://blog.naver.com/ezeneducation

@이젠교육
ISBN 979-11-90880-64-0